ISO/ TC 268/ SC1 DTR 37150

智慧城市基础设施标准
技术报告

万碧玉　等编译

U0343301

中国建筑工业出版社

图书在版编目（CIP）数据

智慧城市基础设施标准技术报告/万碧玉等编译. —北京：中国建筑工业出版社，2015.2

ISBN 978-7-112-17740-0

Ⅰ.①智… Ⅱ.①万… Ⅲ.①现代化城市-基础设施-技术标准 Ⅳ.①TU984-65

中国版本图书馆CIP数据核字（2015）第027192号

责任编辑：张幼平
责任校对：陈晶晶　刘　钰

智慧城市基础设施标准技术报告

万碧玉　等编译

*

中国建筑工业出版社出版、发行（北京西郊百万庄）
各地新华书店、建筑书店经销
北京科地亚盟排版公司制版
北京君升印刷有限公司印刷

*

开本：880×1230毫米　1/32　印张：4⅜　字数：122千字
2015年7月第一版　　2015年7月第一次印刷
定价：**28.00**元
ISBN 978 - 7 - 112 - 17740 - 0
（26986）

《智慧城市基础设施标准技术报告》
编译委员会

参编单位：

国家智慧城市联合实验室（筹）	中城智慧（北京）城市规划设计研究院有限公司
	微软（中国）有限公司
	国家信息安全工程技术研究中心
	中兴通讯股份有限公司
	北京东方道迩信息技术股份有限公司
	江苏现代快报传媒有限公司
	中经互联（北京）信息技术有限公司
	中航国际经济技术合作有限公司
	江苏振邦智慧城市信息系统有限公司
	百度在线网络技术（北京）有限公司
	软通动力信息技术（集团）有限公司
	国际商业机器（中国）投资有限公司
	麻省理工学院媒体实验室
	华为技术有限公司
	日立（中国）有限公司
	绿城物业服务集团有限公司
	亚信集团北京亚信数据有限公司
	棕榈生态城镇科技发展（上海）有限公司
	中建地下空间有限公司
	中国教育电视台
国家智慧城市标准化总体组	北京航空航天大学
	中国城市科学研究会
	工业和信息化部电子工业标准化研究院
	中国信息通信研究院
	住房和城乡建设部 IC 卡应用服务中心
	中国电器工业协会
	山东省标准化研究院
相关单位	南京大学城市规划设计研究
	南京市城市规划编制研究中心
	佛山市顺德区乐从智慧城镇发展中心

序　一

衷心祝贺《智慧城市基础设施标准技术报告》中文版的出版。同时，本人对 ISO-TC268 智慧城市基础设施分委员会副主席万碧玉博士为此书付出的辛劳致以最大的感激。感谢万博士对 ISO-TC268 智慧城市基础设施分委员会的贡献以及对此书的翻译。我谨代表 ISO 分委员会全体国际同仁对万碧玉博士全力支持我们解决这个重要且具有挑战性的问题表示感谢。

这是 ISO（国际标准化组织）首篇直接关于"智慧城市"这一概念的正式报告。在英语中，"community"一词的概念比"city"更为广阔，可以指比伦敦、东京这些城市更大的范围，可以指多个城市的叠加。通常来说，社区（community）可以理解成城市或城市群。

人们普遍认为，到 2050 年全球约有 70％的人口将会居住在城市。这一预测更让人们意识到城市向更环保、有效和友好转变的重要性。尤其是在中国这个全球最为关注的国家，大量的智慧城市正在高速地规划和建设。ISO TR 37150 报告梳理了智慧城市基础设施的评价指标，旨在为城市的合理发展提供指导。适逢中国智慧城市快速发展，现在是此报告在中国翻译和出版的完美时机。

众所周知，中国在各类标准化工作中都表现得相当活跃。我希望中国的相关国家标准制定和实际研究经验能够为智慧城市领域的国际标准提供典范和最佳实践。同时，我也鼓励我的中国同事将 ISO 的相关研究成果放到中国的国家智慧城市试点中进行测试，以此为 ISO 的相关工作提供有用的反馈和建议。

最后我希望这次的 ISO TR 37150 的中文译著能够在不同场合被更多的人采用。

市川芳明

博士

ISO TC 268/SC 1 主席

Preface

Congratulations for this memorable publication of the Chinese translated version of ISO TR 37150 "Smart community infrastructures—Review of existing activities relevant to metrics". I also would like to express my largest appreciation to Dr Wan Biyu, who has translated this document as well as contributed to Subcommittee 1 of ISO TC 268 "Smart Community Infrastructures" as a vice chairperson. The international members of the ISO subcommittee are all grateful for Dr Wan's dedicated effort to support our ambition to address such an important and challenging issue.

This is the first formal deliverable from ISO which is directly relevant to "smart cities". TheEnglish word "community" in the title is intended to mean a wider concept than "city" such as a greater London, or greater Tokyo in which multiple cities are included. In general, a community can be understood interchangeably with a city or cities.

It is widely believed that in 2050, around 70% of the world population will live in cities. This predictionhighlights the importance of changing cities into much more eco—conscious, efficient and resident—friendly ones. Above all, China is the country that is drawing the largest attention from around the world since a huge number of smart cities are rapidly planned and constructed in the nation. This document addresses the metrics for evaluating smartness of the infrastructures and is intended to provide guidance for appropriate development of cities. Accordingly, the fact that this document has been translated and published in China at this moment has a perfect match with the needs and timing.

It is well known thatChina is quite active in developing various kinds of standards. I would expect that China standardization activities will also provide standards or best practices in this field of smart cities by reflecting national standards and real experiences in China. I would also like to encourage my Chinese colleagues to pilot-test the current and future international standards through pioneering smart city practices and to provide the world with helpful feedback and suggestions.

Finally I hope this translation of ISO TR 37150 will be utilized at various scenes and by many people in China.

市川芳明

Dr. Yoshiaki ICHIKAWA
ISO TC 268/SC 1 Chairman

序 二

　　智慧城市的建设,是推动新型城镇化、探索城乡一体化发展道路、全面建成小康社会的重要举措。2014 年 3 月,中共中央、国务院印发《国家新型城镇化规划(2014~2020 年)》,其中在第十八章新型城市建设章节中要求推进智慧城市建设,实现与城市经济社会发展深度融合。2012 年底起,住房和城乡建设部启动国家智慧城市试点工作,并在 2014 年与科技部联合开展第三批国家智慧城市试点,前后三批试点城市(区、县、镇)共计 299 个。此外,国家信息消费试点、信息惠民国家试点等与智慧城市相关的工作也在积极开展中。随着过去几年智慧城市事业的实践探索,社会各界对智慧城市热潮的思考不断深入,各地方对于建设智慧城市的诉求和期望也趋向理性化,对地方的未来发展和公众民生服务投入了更多的关注。

　　不以规矩,无以成方圆。此话同样适用于智慧城市的建设。2014 年 8 月,八部委联合发布的《关于促进智慧城市健康发展的指导意见》中明确要完善管理机制,指出"要加快研究制定智慧城市建设的标准体系"。住房和城乡建设部根据国家智慧城市试点工作需求,于 2012 年发行了引导性指导指标《国家智慧城市(区、镇)试点指标体系》试行版本,研究评价体系,提出初步模型;2013 年,发布《智慧城市公共信息平台建设指南(试行)》、《智慧城市标准体系框架》;2014 年,推出《智慧社区建设指南(试行)》。

　　随着信息化和全球化的同步进行,国外发达国家相继提出了智慧城市的战略举措,积极推动智慧城市建设和发展。发展至今,国际上已经有了许多典型的案例和经验,积累了众多优秀的经验和理念。与我国智慧城市建设进程不同的是,发达国家的智慧城市推进有其近百年来对工业社会城镇化遗留问题的修正经验为基础,相关的建设理念和模式更为成熟。无论是推动智慧城市建设事业的过程,还是智慧城市相关标准的制定工作,都要讲究传承、借鉴和创新，既要立足本地、结合地方特点开展工作，又要扩展眼界、学习吸收国际上优秀的建设理念和案例，从而创新地提出具体的建设方案。

中国作为国际标准化组织 TC 268 SC1——城市可持续发展智慧城市基础设施分技术委员会的副主席国，不仅积极参与工作组的相关工作，与国际智慧城市建设的先进国家一道共同研究制定国际标准，同时也注重在实际工作中发出中国的声音，将中国对于智慧城市建设的典型案例和成果引入到国际舞台上。本书是对智慧城市国际标准研究成果的一次引进，以让更多中国的智慧城市建设参与者和关注者了解国际相关研究的进展，相信能够促进广大读者对于智慧城市事业的认识与思考，提高我国智慧城市建设以及相关标准的制定的水平和质量。

当然，目前看来，本书还是一个智慧城市基础设施标准研究的序曲，后续会有更深入的研究成果，希望在相关后续研究中能够进一步让世界了解中国，同时也能够在本书的基础上，继续引进后期的研究成果以飨广大读者。

万碧玉

2015 年 6 月 18 日　北京

万碧玉（工学博士），研究员，现任中国城市科学研究会智慧城市联合实验室首席科学家。

日本国立神户大学博士毕业，主要从事空间信息技术、人工智能、物联网技术等研究工作。曾任启明集团海外事业部主任，日本神户大学研究员，文部科学省年青科学家支持基金获得者。现任国际标准组织 ISO TC268 SC1 智慧城市基础设施计量分技术委员会副主席，国际电工委员会智慧城市系统评价组 IEC SEG1 工作组负责人。北京邮电大学兼职教授，香港中文大学客座讲师。主要从事智慧城市（城市科学）理论与政策研究、标准化、国际合作等。

前　言

国际标准化组织（International Organization for Standardization，ISO）是由各国标准化团体（ISO 成员团体）组成的世界性的联合会。国际标准制定工作通常由 ISO 的技术委员会完成。各成员团体若对某技术委员会确定的项目感兴趣，均有权参加该委员会的工作。与 ISO 保持联系的各国际组织（官方的或非官方的）也可参加有关工作。ISO 与国际电工技术委员会（International Electrotechnical Commission，IEC）在电工标准领域合作密切。

ISO/IEC 导则的第一部分对制定本文件以及其他后续相关文件的流程进行了描述，特别需要注意的是，不同类型的 ISO 文件需要不同的审核标准，本文件的起草遵守 ISO/IEC 导则第二部分的制定原则。参考网址：www.iso.org/directives。

本文件的部分内容可能涉及专利权的问题，ISO 不负责对任何专利权的认证，在文件出版过程中涉及的任何专利，都会出现在引言中，或者出现在 ISO 接收到的专利声明列表中。参考网址：www.iso.org/patents。

文中所用到的商标名仅是为了给用户提供方便，并非代言。

本文件的责任单位是 ISO/TC 268 SC1—城市可持续发展：智慧城市基础设施分技术委员会。

目　　录

引　言

城市基础设施，如能源、水、交通、废弃物、信息通信技术（Information and Communications Technology，ICT）等，是支撑城市的运行和活动，推动经济和社会的发展，促进经济繁荣增长，同时极大提升人们生活质量的基础。城市基础设施的匮乏和低效，会阻碍城市发展过程中居民收入的合理分配，导致社会福利无法惠及城市贫困人口（利贫式增长）。另外，由于人口增长及城市化等原因的推动，在未来几十年，城市对基础设施的需求将急速增长。

长期以来，针对人类活动已威胁到地球承载能力的议题，人们已进行了大量的讨论。在全球人口高速增长的背景下，城市基础设施的发展往往是不可持续的。因此，将基础设施建设视为平衡经济、社会和环境可持续发展的重要手段，视为促进城市高效运转的重要途径是十分必要的。

综上所述，研究更高效的技术解决方案极其必要，尤其是在解决环境影响、经济效益及生活质量问题等方面，而这些解决措施也被称为"智慧的"。当前，全球已涌现出了许多"智慧城市"建设计划及项目，同时，城市基础设施产品和服务的国际贸易量也有显著增长。

在城市基础设施的评价方面，当前已有很多完善的或在研的评价概念及计量方法，其中有的评价方法并不公开。虽然这些评价方法非常有用，但它们大多复杂、冗繁又缺乏透明性，使得公共用户和私人用户（例如，政府、城市规划者、投资者、城市基础设施运营者）难以对数个方案计划进行公平、公正的评价，这也为决策的制定添加了很多困难。此外，当前评价体系及指标百花齐放，但缺乏合适的国际标准，导致供应商在研发新技术时感到迷茫。

在智慧城市基础设施领域建立标准的目的是，提升基础设施产品和服务的国际交易水平，并通过建立合理的产品标准评价相

1

关前沿技术对城市可持续发展的贡献程度，从而对相应的信息进行宣传。这些计量的使用者及其相关利益如图1所示。

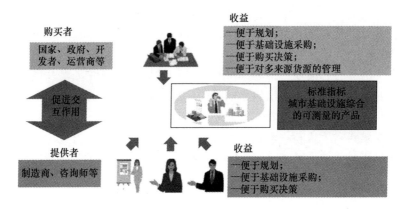

图1　计量技术使用者及相关收益

对照 ISOTC 268 对城市可持续发展和社区弹性的定义，本报告中"智慧"的概念是从技术解决方案的角度来阐述的。本技术报告对当前智慧城市基础设施的相关计量工作进行了回顾，并提出了未来标准的方向，对城市基础设施产品和服务的技术性能计量进行了讨论，随着本领域未来技术标准的发展，本报告也将用于实时监测城市基础设施的运行质量。

本技术报告可能对以下个人或组织有用：

—国家和地方政府；

—区域组织；

—城市规划师；

—开发人员；

—城市基础设施运营商（例如在能源、水、废弃物、交通、信息通信技术领域）；

—城市基础设施供应商（例如建设单位、工程公司、系统整合及组件制造公司）；

—非政府组织（例如消费者群体）。

本技术报告引用了一个城市功能模型，如表1所示，回顾了与城市基础设施计量相关的工作。

城市功能层   表1

功能层	功能举例
城市服务	教育、健康、安全和安保、旅游等
城市设施	居民、商业建筑、办公建筑、工厂、医院、学校、娱乐设施等
城市基础设施	能源、水、交通、废弃物、ICT等

注："水"包括污水、废水和饮用水。

——城市基础设施是支撑其他两层的基础；

——城市基础设施产品和服务偏重技术层面，在国际贸易方面比其他两层更有建立国际标准的需求；

本技术报告可能会用于以下方面：

——作为参考文件；

——分析当前智慧基础设施计量的共性与差距；

——探讨发展智慧城市基础设施的意义；

——作为未来标准化工作的基础；

——使利益相关者对当前全球智慧城市基础设施情况有更好的了解。

1. 范　围

本技术报告对当前智慧城市基础设施相关计量工作进行了回顾。

对照 ISOTC 268 对城市可持续发展和社区弹性的定义，本报告中"智慧"的概念是从技术解决方案的角度来阐述的。本技术报告侧重于城市基础设施方面，例如能源、水、交通、废弃物和信息与通信技术，从技术层面重点关注已发布、实施或讨论中的相关工作，未涉及经济、政策和社会等方面。

注：本技术报告并非是指导实际操作的参考书。此外，虽然在报告中考虑了可持续性的目标，但是，报告的核心在于对当前智慧城市基础设施建设方法进行分析。

2. 规范性引用文件

无规范性引用文件。

3. 术语和定义

为方便使用，以下列出了本技术报告中的术语和定义。

3.1　购买者 buyer

通过向商品、服务或利益提供者提供可接受的等量价值从而获取一定的商品、服务或利益的人。

【来源：ISO/IEC 15944-1：2002，3.8】

3.2　环境影响 environment impact

对环境的全部或部分的改变，既包含负面的又包含正面的影响。

【来源：ISO 14001：2004，3.7】

3.3　互操作性 interoperability

某系统能够与其他系统相互服务，并能从交换服务中实现彼此协调有效运行的能力。

【来源：ISO 21007-1：2005，2.30】

3.4 生命周期 life cycle

一个产品系统连续且关联的生产过程，包括从原材料的采集或天然资源的提取，到最后的处理的全过程。

【来源：ISO 14044：2006，3.1】

3.5 计量 metric

确定的测量方法和测量尺度。

【来源：国际标准化组织/IEC 14598-1：1999，4.20】

3.6 利贫式增长 pro-poor growth

促进贫困人口的经济增长（主要指经济层面的贫困）。

【来源：OECD，2008】

注：利贫式增长可以定义为，明显着重关注贫困人口的经济增长。

例如：一种有利于贫困人口的经济增长模式。

3.7 供应者 provider

提供产品或服务的个人或组织。

【来源：ISO/技术报告 12773-1：2009（en），2.40，修改】

3.8 快照 snapshot

在某一特定时间获取某一数据资源的状态。

【来源：ISO 12620：2009，3.6.2】

3.9 可持续发展 sustainable development

既满足当代人的需求，又不损害后代人满足其需求的能力的发展模式。

【来源：U. N. Brundtland 委员会，1987】

4. 总　则

4.1　概述

为确定智慧城市基础设施领域未来标准的方向，本技术报告收集并分析了当前已有的相关计量工作，同时对智慧城市基础设施的理想性能进行了描述（4.2.2）。在此基础上，本技术报告指出了当前已有工作与理想性能之间的差距，并提出了智慧城市基础设施领域未来标准化工作的方向。

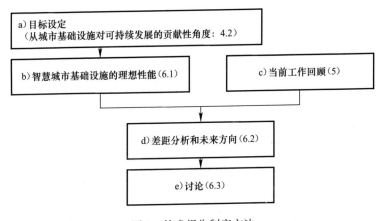

图 2　技术报告制定方法

a) 本技术报告的目标是，创建一个非穷举的信息和文件知识库，并提出未来标准的方向（见 4.2）。

b) 通过对当前已有相关计量工作经验的分析，本报告提出了有益于城市可持续发展的智慧城市基础设施计量的理想性能（见 6.1）。

c) 本技术报告收集和回顾了以下两类相关工作（见 5.1）。

1) 国际标准、概念和理论框架；

2) 项目。

d) 本技术报告通过将 c) 与 b) 比对进行分析，指出了当前工作与理想性能间的差距，基于对差距的考虑，本技术报告提出了

6

智慧城市基础设施计量领域未来标准的方向（见6.2）。

e）本技术报告讨论了未来智慧城市基础设施计量相关的标准化工作范畴。

4.2 目标

4.2.1 背景

推动并形成能够促进贫困人口参与的增长模式，符合可持续发展的理念，也与经济合作与发展组织强调的利贫式增长一致。参与并从利贫式增长中获益是稳定脱离贫困的关键，也有助于联合国"千年发展目标"的实现。尽管许多国家都认为实现"千年发展目标"需要付出大量努力，但联合国193个成员国及至少23个国际组织已达成协议，要在2015年之前共同实现这个目标。

正如经济合作与发展组织发展援助委员会的减贫指导手册所述，贫困是由多层次的原因造成，并且贫穷有着不同的方面：经济、人口、政治、社会文化、防御/安全。同时，它也进一步指出匮乏而低效的城市基础设施是阻碍利贫式增长的最显著因素。减贫的本质是通过提升城市基础设施的劳动生产率，同时降低生产和加工成本，推动经济发展，从而促进增长。

城市基础设施是国际发展议程中的优先建设内容，对城市基础设施的投资是实现"千年发展目标"的重要手段。"千年发展目标"主要有八项内容：1）消灭极端贫困和饥饿；2）实现普及初等教育；3）促进两性平等并赋予妇女权利；4）降低儿童死亡率；5）改善产妇保健；6）与艾滋病、疟疾和其他疾病作斗争；7）确保环境的可持续能力；8）制定促进发展的全球伙伴关系。表2列出了城市基础设施与"千年发展目标"其中七个目标之间的关系。

人类活动威胁到地球承载能力的问题已经得到了越来越多的关注。随着全球人口的增长，城市基础设施也在急速地建设和发展，但其增长的结果仍不尽人意，例如，城市基础设施建设的速度和稳定性之间的矛盾迫切需要解决。因此，十分有必要将基础设施建设视为平衡经济、社会和环境可持续发展的重要手段、促进城市高效运转的重要途径。

综上所述，城市基础设施建设需要更高效的技术解决方案，尤其在解决环境影响、经济效益及生活质量问题等方面。人们通常给这些解决措施贴上"智慧"的标签。当前，全球已涌现出许多"智慧城市"建设计划及项目，而且城市基础设施产品和服务的国际贸易量也有显著增长。

总而言之，国际标准通过打通不同国家之间的技术壁垒来有效地促进国际的贸易往来。然而，现在智慧城市基础设施领域尚缺乏国际标准，智慧城市基础设施还不能像其他商品一样能够被统一衡量与评价。

4.2.2 本技术报告的目标

考虑到 4.2.1 中提到的背景信息，本技术报告的目标为：

——创建一个非穷举的信息库，构建未来城市基础设施国际标准；

——提出未来标准化工作的方向，通过为智慧城市基础设施提供通用语言来支撑市场运作，从而提升城市可持续发展。

注：本技术报告对当前工作，如国际标准、正在进行的工作（如 ISO/WD 37101 和 ISO/WD 37120）及城市基础设施技术标准的相关性进行了声明。

城市基础设施与"千年发展目标"的关系　　表2

基础设施	千年发展目标				
	贫困和饥饿 （目标 1）	初等教育 （目标 2）	两性平等和 妇女地位 （目标 3）	健康 （目标 4、5、6）	环境 可持续发展 （目标 7）
能源	-现代能源服务能够提升劳动力生产效率、促进企业发展、增加企业收入； -能源能够提升生产率、降低损失； -高效能源的利用（例如烹饪、照明）能够降低在低效能源上的花费； -高效的烹饪方式能降低对燃料和相关劳动力的需求	-电和照明能够提升学校学习和教育工具的使用效率（电脑、投影等）；提升教师的留任率； -更高效的烹饪能够减少花在获取木材上的时间，从而有更多的时间去学习	-更高效的烹饪技术能节省时间、缓解劳动负担，降低室内空气污染； -街道照明能够提升妇女的安全	-实现疫苗、试剂、消毒剂的冷链运输，保障重要实验设施的运作； -现代能源更加安全（例如较少的事故）； -电力使得水更容易清洁和净化； -能够增加设施的运行时间/提供夜间服务； -有助于雇佣到合格的员工	-高效的烹饪以及现代的燃料能够降低对木炭或其他资源的需求，降低对当地生态系统所造成的破坏； -高效的农业（例如施肥、机械自动化）可以减少农田的开垦率； -高效的烹饪能够降低温室气体和黑炭的排放

8

基础设施	千年发展目标				
	贫困和饥饿（目标1）	初等教育（目标2）	两性平等和妇女地位（目标3）	健康（目标4、5、6）	环境可持续发展（目标7）
交通	-能够促进市场接触，降低贸易成本、原始价格以及防止农业垄断； -降低社会/家庭的出行成本	-便于学生到达学校，降低休学及缺勤率，这对女学生来说十分重要	-降低时间和出行成本，使女性的单独出行更加方便； -节省时间，使女性到达健康服务场所更加便捷	-能够更加便捷地享用健康设施； -缩短急救的响应时间； -为司机和行人提供更加安全的道路出行	-提升的公共交通运输服务能够大大降低对环境的影响
信息、通信和技术	-有助于获取天气、市场以及与收入相关的信息； -使得与增加收入的相关的远程培训成为可能（农业、商业）	-使得远程教学和交流成为可能； -辅助教师留任； -提升档案记录保存能力及学校的管理能力	-打通在家工作的信息壁垒； -使在家中接受教育成为可能； -使紧急交流以及家暴报案成为可能	-增强紧急救护能力； -支撑现代医疗信息系统、"远程医疗"、远程健康教育； -提升公共城市健康系统的普及率和质量	-提升自然资源信息的收集、制图和监测能力
水利和卫生设施	-灌溉（结合改良的取水及能源利用方式）能够极大地提升农业生产率	-雨水收集能减少学生为学校取水事件的发生； -降低水传播疾病、提升学校出勤率	-改进的自来水水系统能够节省女性的时间/降低取水劳动力	-干净的水资源对于健康是十分重要的； -干净的饮用水能够降低水传播疾病； -医疗废弃物的安全处理可以防止疾病的传播	-改进的水资源和卫生设施能够提升当地的环境

1.1.1 【来源：Freeman, K.: Infrastructure from the Bottom Up, 2011, 修订版.】
注：本技术报告，对千年村落项目（Millennium Village Project, MVP）第一个五年中的进展及经验教训进行了列举，主要侧重于能源、交通、传输、自来水供应等方面的基础设施和服务。

5. 当前相关计量工作概览

5.1 回顾方法

5.1.1 当前计量相关工作的信息收集

5.1.1.1 考虑的重点

本技术报告旨在从城市的角度对城市基础设施技术性能的计量进行讨论，当前对于"智慧"和"基础设施"有许多不同的观点，所以为了避免歧义和误解，本文件的责任单位 ISOTC 268SC 1 从一个较广的角度，对当前与计量相关的工作进行了抽样。

在本技术报告的信息收集过程中，为满足全世界的需求，从全球角度进行考虑，主要考虑了以下方面：

——地理上的差异，涵盖了主要板块和气候区；

——经济上的差异，既包含发达国家又包含发展中国家；

城市基础设施的发展类型，既包含绿色地块又包含棕色地块；

注：绿色地块指尚未开发的地，其中大多数之前是农用地。棕色地块指：

——之前使用过或者受到周边环境影响；

——荒地或者正在使用；

——全部或者部分开发为城市区域；

——需要协调使其重新发挥有益用途；

——可能存在或者被认为存在污染问题。

——有多个领导组织者（发起者），既包含公众的又包含私人的；

——多个发展阶段并进，涵盖了规划、实施、建设、运营和监测阶段。

5.1.1.2 收集的过程

a）问卷调查

针对当前计量相关情况，向主要领域、国家和组织的专家进行了问卷调查。

注：调查问卷见附录 B。

b）文献和网络调查

通过文献和网络调查的方法，对相关的城市基础设施开发或建设工作进行了收集，以补充 a) 中提到的工作。

为了给未来智慧城市基础设施领域的标准建设指导方向，在这些调查中主要考虑了以下方面：

—与智慧城市基础设施产品或服务贸易直接相关的国际标准、概念、理论框架和指标；

—考虑了城市基础设施产品和服务采购的城市开发项目。

5.1.2　分析的角度

a）关于城市基础设施

本技术报告对城市基础设施相关工作的分析主要从以下方面入手：

—特定城市基础设施；

—亟需着力提升其本身能力的基础设施；

—能够带动其他类型基础设施能力提升的基础设施（例如，对信息、通信和技术的促进，可带动能源设施的提升水平）；

—不同类型基础设施间的互操作性。

b）关于智慧

本技术报告对相关工作的智慧分析主要从以下方面开展：

—城市可持续发展：城市可持续问题及指标与基础设施相关，但没有直接关系。依据联合国（United Nations，UN）对可持续性的定义，城市可持续问题及指标划分为经济、环境和社会三大类；

—创新：能有效并高效地提升技术解决方案的相关创新工作。

c）关于技术性能评价

为了对城市基础设施的技术性能评价的相关方面进行分析，本技术报告将指标从以下角度进行了归类：

—城市产出指标：回顾衡量服务或生活质量的城市产出指标；

—城市基础设施的技术性能指标：回顾城市基础设施的技术性能指标，其中不涉及定技术或组织方式。

5.2　回顾总结

5.2.1　计量相关工作概览

5.2.1.1　概述

本技术报告分析了以下相关工作：

——28 种国际标准、概念和指标；

——124 个项目。

注：选定的工作列表见附录 A，详细举例见附录 B，详细的回顾结果见附录 D。

5.2.1.2 地理差异

大多数的国际标准、概念和指标既没有在国际上发布，也没有在亚洲或欧洲统一出版发布。本报告选定的项目在地理分布上是分散的。

5.2.1.3 经济差异

国际组织制定国际标准、概念和指标占了一半，而剩下那一半中发达国家制定的比例要高于发展中国家。

在选定的项目方面，发达国家的项目数量要大于发展中国家。选定的项目主要是棕色地块项目。

5.2.2 可持续性指标的覆盖率

本报告广泛回顾了可持续性指标，包括城市形象及城市产出指标等。

在大多数的案例中，可持续性指标可以被划分为三大类：经济、社会和环境，不包含在这三类的内容应单独考虑。

本报告选定的国际标准、概念和指标，与环境相关的所占比例最多，涉及经济和社会的所占比例大致相同。另外，大多数的标准、概念和指标覆盖了不止一个大类。

报告选定的大部分项目覆盖了不止一类。经济类覆盖率通常较高，环境类次之。通过对发达国家和发展中国家进行比较可以发现，两者有类似的趋势：经济类的覆盖率都是最广的，其次是环境类，社会类的覆盖率最低；而两者间最显著的差别是，发展中国家的社会类的覆盖率高于发达国家；此外，发展中国家在两个极端上高于发达国家，即覆盖了所有三大类和仅覆盖了某一类的项目较多。

对所选定的国际标准、概念和指标进行比较分析，发现三大类均覆盖的比例极少，大多数的项目只涉及某两类。

5.2.3 城市基础设施相关

在城市基础设施方面，从能源、水、运输、废弃物和 ICT 角度进行了回顾。

在以上提到的五大类城市基础设施中,能源设施是国际标准、概念和指标涉及最多的设施。五大类基础设施设定了统一的目标,既提升其本身的发展又促进其他类型基础设施的发展。

在所选定的项目中,与能源和 ICT 相关的项目占据较大的比例。许多项目把能源设施本身的发展作为目标。同时,在大量的项目中,把 ICT 视为提升能源设施能力的重要手段,其他诸如交通、水、废弃物等的基础设施在有的项目中也体现同样的作用。

对发达国家和发展中国家进行比较发现,两者最显著的区别是,发达国家比发展中国家更重视能源设施的建设,相比之下,水、交通、废弃物等相关的项目在发展中国家更普遍。

举个例子,ICT 常被视为实现能源设施提升的主要手段,其次是交通、水和废弃物。究其原因,或许与许多项目都要发展智能电网系统有关。

5.2.4　相关技术性能评价

本技术报告中设定了许多指标,依据这些指标的属性,可以将它们归为以下大类和次类:

a) 与城市本身而非城市基础设施相关的城市产出指标;

b) 与城市基础设施相关的指标,包含:

1) 在某个城市中的每类城市基础设施的现状;

2) 城市基础设施的技术性能指标或产出指标。

对于次类 2),选择了城市基础设施的多种特定类型指标,而非多种城市基础设施的通用指标。

5.2.5　创新特征

本技术报告选择了一些特殊的定性特征,这些特征并不适合在图表中进行总结,这些创新特征包括:基于生命周期视角的项目实施(污水高技术项目的动力方法突破,见附录 B.1.2)、多类别项的平衡和协同发展探索(中国城镇化的可持续发展及智慧城市(见附录 B.1.8)和城市环境效率综合评价系统［21］)、地理差异性应用(绿色城市指标体系,见附录 B.1.5)、系统的互操作性(英国标准学会智慧城市咨询文件-智慧城市标准战略,见附录

B. 1. 3)、基础设施和建筑用地的平衡和协同发展探索（拉美综合城市发展，见附录 B. 2. 5）。

6. 讨论未来可能的发展方向

6.1 智慧城市基础设施理想性能

6.1.1 概述

以可持续发展理念为核心，智慧城市基础设施计量应该是：

—和谐的；

—考虑多方利益，尽可能满足其城市基础设施生产和服务的贸易需求（例如当地政府、开发者、供应者、投资者）；

—便于评价城市基础设施的技术性能，以城市可持续发展和宜居为导向；

—对城市和城市基础设施的不同发展阶段都适用；

—反映城市基础设施的动态性。

和谐的计量能够便于购买者（如城市规划师、政府、城市基础设施运营商）对多方供应者提供的产品用统一标准进行比较，利于创建公平的竞争市场。

重视后代的利益是可持续发展的核心理念。因此，计量除了应易于评价外，还应该能够在未来很长一段时间内辅助贸易决策的制定，例如，应将城市的不同发展阶段，以及城市基础设施的整个生命周期考虑在内。

应该注意的是，本报告讨论的计量，与流量、变化率、曲线图等时间相关的计量类似，是会随着时间而变化的动态指标。

6.1.2 智慧

智慧城市基础设施计量总体上应该是：

—考虑城市各个方面的平衡与协同发展，例如环境影响和城市服务质量，若仅仅考虑某一个方面，则并不能算是智慧的；

—关注城市基础设施的高级功能，例如互操作性及高效性，而不仅仅是其自身现状。

14

以往城市可持续发展通常仅从单一角度来衡量，例如二氧化碳排放量的降低，然而，在评价城市基础设施的技术性能时，将社会、经济和环境可持续发展都考虑在内，才是更理想的。

先进的技术对于解决可持续发展问题是十分重要的，而且有助于提升多源基础设施服务的协同性。

6.1.3 城市

智慧城市基础设施计量应该：

—对各种规模和类型的城市均适用，例如不同地理位置、大小、经济结构、经济发展程度、基础设施发展阶段。

6.1.4 基础设施

智慧城市基础设施计量应该是：

—考虑到城市运行的各个方面，例如能源、水、交通、废弃物、ICT。

—技术性的实施解决方案；

—整体视角（对综合层面的考虑，包含了多种城市基础设施的交互和协同运行）；

能源、水、交通、废弃物和ICT，这五类城市基础设施被视为支撑城市运行的核心要素。

通常来讲，解决方案不仅仅是技术层面，也包含社会和文化层面（例如政府政策、生活方式）。然而，由于城市的社会和文化的多样性是城市的固有特征，因此，本技术报告的计量应重点关注于评价城市基础设施的技术性能。

由于五类基础设施及相关服务在城市运行过程中是相互影响的，因此计量应从城市基础设施的整体视角进行设定。

6.1.5 计量

智慧城市基础设施计量应该是：

—对城市基础设施技术的性能（例如，有效性和高效性）的评价，而非对技术本身的评价；

—简易的且具有科学逻辑性的。

侧重性能的计量能够促进智慧基础设施技术的创新发展。

举例：对每位乘客每公里二氧化碳排放量进行考量，而不是评价电动车辆数量的技术。

科学和简易的逻辑性将有利于得到国际范围的认可和广泛应用。

6.1.6 智慧城市基础设施计量

智慧城市基础设施计量是对城市基础设施技术性能的量化衡量：

——是城市多方面基础设施的整体视角；

——是动态的；

——考虑了城市未来的长期发展；

——有助于了解不同类型的城市。

注1：能源供给、供水与水处理、交通手段、废弃物控制以及 ICT 等基础设施都是城市运行的动力。

注2：一个智慧的城市基础设施计量应该是：

——城市的动态运行及系统活动的衡量及量化；

——对运行周期中的主要时间点的运行情况的衡量及量化；

——包含了变化、移动、层或列等系统动力模型建模的输入项，有助于城市基础设施的战略规划和管理。

6.2 差距分析与智慧城市基础设施计量未来的方向

当前计量与理想性能的差距，以及对未来计量方向的建议总结见表3。

差距及未来方向　　　　　　　　　　　表3

理想性能	差距及未来方向
概述	
和谐的	当前并无关于城市基础设施技术性能的综合评价框架。因此，制定智慧城市基础设施国际标准以及其他相关的计量是极有必要的
考虑多方利益，尽可能满足其城市基础设施生产和服务的贸易需求（例如当地政府、开发者、供应者、投资者）	由于信息的匮乏，通过文献调查的方法很难判定当前所选定的相应工作是否有这个特征。 然而，这个特征是十分重要的，在发展智慧城市基础设施计量时，是应引起足够重视的
便于评价城市基础设施的技术性能，以城市可持续发展和宜居为导向	由于信息的匮乏，通过文献调查的方法很难判定当前所选定的相应工作是否有这个特征。 然而，这个特征是十分重要的，在发展智慧城市基础设施计量时，是应引起足够重视的

理想性能	差距及未来方向
概述	
对城市和城市基础设施的不同发展阶段都适用	总的来说，当前所选定的相关工作并未明确提及是否具有这一特征，或者偶有提及的，也是局限于某一发展阶段的应用。 然而，这个特征是十分重要的，在发展智慧城市基础设施计量时，是应引起足够重视的
反映城市基础设施的动态性	一些相关的概念中着重指出了动态性，并从生命周期的视角来看待城市基础设施。 在发展智慧城市基础设施计量时，应着重考虑其动态属性
智慧	
考虑城市各个方面的平衡与协同发展，例如环境影响和城市服务质量，若仅仅考虑某一个方面，则并不能算是智慧的	大多数的相应工作都着重指出了城市基础设施的多角度特征，其中一些工作指出了其中的协同增效效应和权衡（例如中国城镇化的可持续发展及智慧城市），只有极少数的工作对协同增效效应和权衡进行了进一步的量化，这些量化是从城市本身的角度，而不是城市基础设施的角度（例如城市建筑环境综合性能评价系统）。 因此，在发展智慧城市基础设施计量时，应该着重考虑多方面的平衡与协同发展
关注城市基础设施的高级功能，例如互操作性及高效性，而不仅仅是其自身现状	在城市基础设施方面，许多相应的指标着重强调的是它们自身的现状，例如在城市中，某一类型基础设施的普及率。 从另一方面来讲，有一些相应的概念和项目（如英国标准协会和智慧城市）提到了城市基础设施具有互操作性和高效性等的高级功能。 因此，在发展智慧城市基础设施计量时，应着重考虑智慧城市基础设施的高级功能
城市	
对各种规模和类型的城市均适用，例如不同地理位置、大小、经济结构、经济发展程度、基础设施发展阶段	一些相关工作（例如西门子绿色城市指标体系）中，既包含了通用框架，又包含了在某特定地理区域的应用。 因此，在发展智慧城市基础设施计量时，应着重考虑通用框架和特定应用的综合
基础设施	
考虑到城市运行的各个方面，例如能源、水、交通、废弃物、ICT	许多概念对城市基础设施的多源性进行了强调，这些概念有助于识别不同城市基础设施的边界，并对其进行评价（例如能源、水、交通、废弃物、ICT）

理想性能	差距及未来方向
基础设施	
技术性的实施解决方案	在解决方案方面，大多数的相关工作从社会解决方案（例如政府政策、生活方式）或特定的城市基础设施技术（例如智能电网、电子交通）层面进行了讨论。 然而，发展智慧城市基础设施计量的侧重点应该在于，城市基础设施的技术实施解决方案的性能和效果
整体视角（对综合层面的考虑，包含了多种城市基础设施的交互和协同运行）	大多数选定的相关工作，涵盖了某一个特定基础设施的许多方面，并未从城市整体的角度进行综合性的考虑。 部分概念和项目对多源基础设施的互操作性、协同增效效应和平衡进行了讨论。 因此，综合性在发展智慧城市基础设施计量时应该着重考虑
计量	
对城市基础设施技术的性能（例如，有效性和高效性）的评价，而非对技术本身的评价	大多数的指标针对具体技术的利用率（如可再生能源、直飞商业航班）进行设计，而不是从城市基础设施的技术性能层面考虑。 智慧城市基础设施计量在制定时，应该着重从整个城市的角度来强调城市基础设施的技术性能。 注：对于某些特定的城市基础设施，例如供水和废水处理等，当前有相应的性能评价指标（例如 ISO 24510、ISO24511、ISO 24512）。这些指标通常适应于整个城市，不过如果出于机构的需要，可以对城市个别服务部门进行估计。例如，漏水需要进行优先维护，其相关指标可以根据不同部门进行单独估算
简易的且具有科学逻辑性的	目前相关工作的评价方法基本上未对公众公布，因此很难评判它们是否具有科学逻辑性。 智慧城市基础设施计量的制定应该具有科学逻辑性。 此领域的国际标准将保障评价方法的透明度

由于当前尚未有相应的工作能够满足所有的理想性能，所以本技术报告提出了制定智慧城市基础设施计量的新的基本原则和要求。

6.3 讨论

6.3.1 概述

本节讨论了与智慧城市基础设施计量相关的工作。

表 4 展示了智慧城市基础设施计量的整体框架。

智慧城市基础设施计量可能的体系　　　　表 4

城市基础设施 / B部分 基本原则	能源	水	A.1.1.1.1.1 交通	废弃物	ICT	其他
	·电 ·气 ·燃料 ……	·水供应 ·重复使用 …… ·废弃物水	·路 ·铁路 ·航空 ……	·废弃物 ·回收 ……	·电信 ……	
城市基础设施性能（技术提升） A部分 应用						
居民视角 可靠性			·……		·……	
城市管理者视角						
运行效率	·……					
			C部分 基本原则在不同类型 基础设施与城市中的应用			
环境视角 排放				·……		
TR37150 TS37151			在分委员会的协作下制定			

注：表 4 中的项目为示例。

表 4 中的 A 部分体现了本技术报告中智慧城市基础设施计量的理想性能：对多方面（即居民、城市管理者和环境）的平衡和协同发展进行了考虑。这三个角度反映了城市基础设施领域可持续性的社会、经济和环境三大方面。

继本技术报告之后，对城市基础设施技术性能更详细的评价（如表 4 的 B 区域所示）将进一步开展。成果将确定技术性能计量

19

的基本原则和要求，这些计量指标是所有城市基础设施或城市通用的，与特定的类型无关（详见 6.3.2）。

在确定了基本原则和要求之后，特定类型的城市、特定类型的城市基础设施计量以及它们的动态属性（如表 4 的 C 区域所示）将进行进一步的制定（详见 6.3.3）。当前，已经有针对某些特定类型基础设施的国际标准，实际工作中可以直接采用。

6.3.2　智慧城市基础设施计量的一般原则和要求

如 6.3.1 所述，本技术报告所选定的的相关工作中，没有任何一项工作能涵盖智慧城市基础设施计量所有的理想性能。因此，制定新的基本原则和要求是十分必要的。新原则和要求的制定应该尽可能地采纳当前已有的可用计量指标，但不能是简单的录入或合并。

基本原则和要求的制定旨在从城市整体层面来定义基本的计量概念。同时，基本原则和要求应该是通用的而不是仅适用于特定类型的城市或城市基础设施；应该是具有科学逻辑性以尽可能地避免由商业和政治利益因素导致的随意性。

基本原则和要求应该最先确定，随后将其应用到特定类型的城市和特定类型的城市基础设施之中。

基本原则和要求的受益者可能为城市规划师、政府、城市咨询师、建设者、设施制造业。

基本原则和要求的用途应该包含：

——为购买者及城市基础设施产品服务供应者等不同的利益相关者提供通用语言，便于人们讨论城市基础设施引进和改进等问题；

——对多个供应商提供的产品进行比较；

——对多个类别的城市基础设施进行优先级划分，为估算城市基础设施的引进或改进效应提供基准；

——从城市层面城市基础设施的性能进行监测。

注：使用者决定是否采用这些基本原则和要求来设定目标。

6.3.3　计量的应用

6.3.3.1　不同类型的城市的应用

为了能够将这些基本原则和要求应用于不同类型的城市，制定城市类型框架应用实践指引是非常有必要的。另外，还需要制定每一类别的详细补充计量方法。

城市的类型应该从以下类别进行定义：

——经济结构或主要工业（制造业、商业、旅游等）；

——人口规模（大、中等、小等）；

——气候区（热带、亚北极、干旱区等）；

——发达国家和发展中国家。

注：以上仅是典型类别的列举，并不涵盖全部内容。

6.3.3.2 特定类型的城市基础设施的应用

在制定了基本原则和要求之后，下一步便应考虑在特定类型的城市基础设施中的应用（如表4的C区域所示），即特定类型的基础设施（例如能源、水、交通、废弃物、ICT）计量与城市计量指标遵循相同的基本原则和要求，这些基本原则和要求能够从整体上衡量城市基础设施的性能。

第一步便是制定能源、水、交通、废弃物和ICT的基本应用指标。

在制定具体的应用指标时，应注重借鉴和采纳当前国际标准，同时重视与其他相关的ISO/IEC的合作。

6.3.3.3 除五类城市基础设施外的其他应用

还有一种情况，就是除了五大基础设施（能源、水、交通、废弃物和ICT）外，还有其他的基础设施也可应用这些基本原则和要求，例如图书馆等公共设施。

6.4 相关领域和工作的讨论

6.4.1 概述

本节对智慧城市基础设施计量相关的标准化工作领域和方向进行了探讨。

6.4.2 可能的相关领域

表5列出了未来ISOTC 268SC 1可能会负责的标准领域，但列表所示的内容并不全面。只有得到利益相关者的充分支持，这些领域的实际的标准工作才能顺利开展。

可能的相关领域 表 5

可能的相关领域	具体阐述
测量、报告和验证	使用智慧城市基础设施计量的一个必要条件，就是制定一套能够量化衡量城市基础设施技术性能值测量方法。例如，温室气体排放量降低量可以作为评测相应基础设施性能的衡量指标。此外，还需要与使用者保持沟通以理解其真实想法，并保证满足其需求。从这一点来说，相关的标准就是指导量测、报告和验证工作的规范文件。 另外，城市基础设施的运营需要对当前城市基础设施的技术性能进行动态实时监测。 标准化工作要积极借鉴参考当前国际标准以及其他相关文件（例如国际性能测量和验证协议）
多种运营模式（例如绩效合同）下的智慧城市基础设施计量的使用	城市基础设施的运营当前有多种模式。例如，政府与私营企业之间的运营，包括特许经营、建设-运营-转让（BOT）、私营企业投资运营等。此外，还有多种类型的合约模式，如绩效合同就是通过量化基础设施的性能效果来进行相应支付的一种合约模式。 智慧城市基础设施计量可以适用于不同模式，所以需要针对不同模式提供详细的使用说明。使用说明既有指导说明，又描述城市基础设施能够为城市和市民带来的益处
大信息数据处理	数据基础设施是城市管理中最重要的基础。例如，在确保大信息数据处理的安全性和透明度的前提下，处理和应用多源异构数据，有助于从城市整体综合视角对城市基础设施进行管理和运营
安全（例如功能安全）	由于城市基础设施支撑着城市的运行和活动，所以它们的安全性应该得到足够的重视。 尤其重要的一点是要注重对基础设施发生危险故障的防范和应急。因此，相关的标准应该具有功能安全性（见 IEC/SC 65A，系统方面），具备探测潜在危险条件并能预防危险事件发生的能力，或者提供减缓措施来降低灾难事件的严重后果
术语	虽然现在与特定类型基础设施某方面相关的标准和定义已经存在，但是特定类型在城市综合层面上的标准却是十分匮乏的。为促进本领域内的交流和标准的制定，必须使用统一的术语
智慧城市项目实施实践	由于智慧城市基础设施的发展需要考虑各个方面，包括多源指标之间的权衡以及综合宏观的视角，因此收集智慧城市相关的最佳实践案例是十分必要的

22

6.4.3 可能的相关工作

表 6 列出了在制定未来标准过程中可能会涉及的相关事宜。列表所示的内容并不全面，并且包含了 6.4.2 中提到的可能的相关领域。

可能的相关事宜　　　　　　　　　　　　　　　　表 6

可能的相关事宜	具体阐述
将成果用于教育	国际标准是技术知识的一项非常重要的资源，例如，国际标准为用户提供了他们并不在行的前沿知识或资源。本技术报告中提到的一系列的国际标准以及它们的其他配套成果，可以被用于智慧城市基础设施领域的能力培训，将它们作为对城市人员进行培训教育的工具，能够提升他们对于在该领域的知识，在需要实施或开始某个城市基础设施项目时促进决策的制定
城市对智慧城市基础设施计量的基本原则和要求的试点测试与反馈	倡导潜在的利益相关者参与到国际标准（见下一栏）的实践反馈中，通过实际交流来确认用户的需求，对基本原则和要求进行试点测试，从而为未来的工作提供经验和反馈
利益相关者参与到标准制定中	在城市基础设施的规划、融资、开发和运营过程中，有很多类型的利益相关者参与到这些步骤之中，因此，在制定国际标准的过程中，确保满足他们的实际需求是十分重要的。潜在的利益相关者可能会包括： —国际组织（例如联合国、经济合作与发展组织） —团体或城市（例如城市水务局） —工业购买者（例如国际工业组织）和城市基础设施供应商（例如制造商） —金融和保险机构 —消费者（例如消费者协会）

附录 A
（资料性附录）
选定的相关工作

A.1 概述

本附件对选定的相关工作进行了非穷举式列举。

此表尽可能地列举了可能的相关工作，未区分差异性（例如地理位置等），以此来回顾相关信息。

A.2 选定的国际标准、概念、理论框架和指标的列表

以下列举了选定的国际标准、概念、理论框架和指标，包括：

—ISO 24510 系列：

—ISO 24510：2007，饮用水与废水服务相关工作-用户评价及服务提升指南

—ISO 24511：2007，饮用水与废水服务相关工作-废水设施管理及废水服务评价指南

—ISO 24512：2007，饮用水与废水服务相关工作-饮用水设施管理及饮用水服务评价指南

—ISO50001 系列，能源管理系统-使用指南要求

—奥尔堡承诺

—城市竞争蓝皮书

—污水高技术项目的动力方法突破

—英国标准学会智慧城市标准战略

—城市环境效率综合评价系统

—中国城市信息评价指标

—21 世纪城市机会及工作指标

—城市生物多样性指标（或新加坡指标）

—欧洲绿色都市

—欧洲智慧城市

—全球城市设施指标

—全球顶级实力城市指数

—国际地方环境行动委员会

—信息市场：城市新经济

—智慧城市奖

—绿色能源与环境设计先锋奖

—宜居排名

—可持续城市项目

—智慧城市框架

—以 ICT 为主要特征的智慧城市（富士通）

—东芝智慧城市

—更加智慧的城市

—中国城镇化的可持续发展及智慧城市

—可持续智慧城镇概念

—绿色城市指标体系

—城市可持续指标

A.3 选定的项目列表

表 A.1 列举了选定的与智慧城市基础设施相关的项目，包括：

选定的项目列表   表 A.1

主要提出者或拥有者的区域、城市或组织	项目名称
阿富汗	阿富汗喀布尔大都市区发展项目
澳大利亚	智能电网、智慧城市项目
澳大利亚	太阳能旗舰项目
巴西	里约运营中心
中国	长辛店生态城
中国	崇明东滩生态城
中国	智慧乐从综合运营平台
中国	德州阳光城
中国	辽源智能卡

主要提出者或拥有者的区域、城市或组织	项目名称
中国	长沙、株洲、湘潭，两型社会
中国	深圳光明生态城
中国	中新广州知识城
中国	中新天津生态城项目
中国	智慧广州
中国	智慧重庆
中国	（中国）住房城乡建设部智慧城市项目
中国	智慧德州
中国	沈阳智慧浑南新区
中国	智慧济源
中国	智慧辽源
中国	智慧漯河
中国	智慧铜陵
中国	智慧万宁
中国	智慧温江
中国	智慧镇海
中国	唐山曹妃甸生态城
中国	万庄廊坊生态城
丹麦	可持续能源及开放网络电子交通工具智能电网项目
丹麦	洛兰岛智能电网
丹麦	零排放交通
东欧/中东	智慧城市贸易研究项目
欧洲	CONCERTO
欧洲	电子交通工具，绿色欧洲交通设施
欧洲	交通格网
欧洲	北海地区国家海上电网行动纲领
欧洲	欧洲可持续城市参考框架/可持续城市项目
欧洲	欧洲智慧城市
欧洲/中东/非洲	沙漠技术
法国	灵科项目和试点
法国	里昂智慧城市示范项目
德国	电力能源

主要提出者或拥有者的区域、城市或组织	项目名称
德国	电力交通
德国	电力交通柏林
德国	汉堡-哈尔堡项目
德国	T-City
冰岛	地热能能源设施
印度尼西亚	Mamminasata 大都市区域的城市发展管理提升
印度尼西亚	印度尼西亚经济发展走廊
印度尼西亚	大都市优先发展区域
印度尼西亚	印度尼西亚爪哇岛工业园的智慧城市建设
印度尼西亚	东爪哇省 GKS 区域的空间规划和城市发展项目
印度尼西亚	苏腊巴亚城市发展项目
意大利	Telegestore
日本	会津若松市智慧城市发展项目
日本	污水高技术项目的动力方法突破
日本	污水高技术项目的动力方法突破：神户绿色项目
日本	八户市微格网示范项目
日本	横滨智慧城市项目
韩国	济州岛的智能电网测试项目
韩国	泛在城市项目/新松岛绿色城市
马拉维	马拉维利隆圭城市发展总体规划
马来西亚	马来西亚伊斯干达项目
马来西亚	多媒体超级走廊项目
马耳他	智能电网设施
中东/北非	MODON 工业区的智慧城市合作项目
蒙古	乌兰巴托城市发展
荷兰	阿姆斯特丹智慧城市
菲律宾	达沃城市智能运营中心
葡萄牙	信息技术谷规划
俄罗斯	莫斯科
新加坡	清洁技术园
新加坡	电子交通测试项目
新加坡	智能能源系统

主要提出者或拥有者的 区域、城市或组织	项目名称
新加坡	乌敏岛项目
新加坡	榜鹅生态城
南美	拉美综合城市发展
西班牙	马拉加智慧城市/西班牙智慧城市实践
瑞典	瑞典皇宫海港
泰国	坤西育府省智慧城市
阿联酋	马斯达尔市
美国	20MW 飞轮计划（20MW Flywheel Frequency Regulation Plant）
美国	亚利桑那公共服务城市电力项目
美国	爱维斯塔设施智能电网项目
美国	巴尔的摩汽车及电力公司智能电网项目
美国	智能电网中心点能源项目
美国	纽约爱迪生公司智能电网项目
美国	底特律爱迪生公司智能电网项目
美国	杜克能源商务服务 LLC 智能电网项目
美国	电动汽车项目（EV project）
美国	佛罗里达州电力照明公司智能电网项目
美国	夏威夷电子公司智能电网项目
美国	阿尔伯克基日美合作智能电网示范项目
美国	洛斯阿拉莫斯日美合作智能电网示范项目
美国	绿色照明影响区智能电网示范
美国	长岛智慧能源走廊
美国	麦迪逊燃气及电子公司智能电网项目
美国	内华达能源智能电网项目
美国	太平洋西北智能电网示范
美国	胡桃街智能电网示范项目
美国	PECO 能源公司智能电网项目
美国	前进能源服务公司，LLC 智能电网项目
美国	萨克拉门托设施区域智能电网项目
美国	SDG&E 智慧交通系统（SDG&E Grid Communication System）
美国	安全互操作开放智能电网示范项目
美国	智能电网示范项目

主要提出者或拥有者的 区域、城市或组织	项目名称
美国	智能电网项目
美国	智能电网区域示范
美国	智能电网城市项目
美国	南加州爱迪生公司智能电网区域示范项目
美国	南部公司服务智能电网项目
美国	可持续迪比克
美国	风力整合技术方案
美国	城市格网监测和更新整合
美国	葡萄园能源项目
英国	奥克尼智能电网
英国	智慧城市
英国	智慧米级实施项目
英国	可持续评估
越南	河内首都综合城市发展项目
越南	金山
越南	郎和乐高新技术园
越南	红河生态城

附录 B
（资料性附录）
选定的相关工作案例

B.1 相关概念及理论框架总结

B.1.1 奥尔堡承诺

名　称	奥尔堡承诺
发起者	欧洲可持续城市与城镇运动/奥尔堡市
目的和范围	促进欧洲当地政府加快可持续发展的建设步伐，从泛泛的视角转到切实可行的层面。 当地政府从奥尔堡承诺中选出适合当地特点和需求的措施，奥尔堡承诺会考虑这些措施在国际上的影响，并且承诺当地政府，去创建一个易于参与的过程，来识别特定的目标以及时间框架，通过监测整个过程，来达到预期的目标
与智慧相关的主要方面	奥尔堡承诺是当地政府解决可持续发展问题的最有用的工具（在欧洲）
指标或标准	50 个总体目标（定性指标），更多信息请参见：http://www.aalborgplus10.dk/media/pdf2004/finaldraftaalborg-commitments.pdf
时间框架	无
应用结果	截至目前，有 665 个地区政府已经签字
链接	www.aalborgplus10.dk
其他	

B.1.2 污水高技术项目的动力方法突破

名　称	污水高技术项目的动力方法突破
发起者	神户制钢所生态解决方案部和神户市（与大阪燃气合作）联合机构
目的和范围	区域生物及污水污泥的分解 低循环成本、高功能的钢分解水槽系统 低循环成本沼气改进系统

与智慧相关的 主要方面	极大地降低温室气体的排放 基于高效率的污水系统及污水能源提取降低建设成本
指标或标准	基于高新技术降低绿色气体排放 基于高新技术降低建设成本
时间框架	2011，2012
应用结果	区域生物量获取设施 -食品生物量：每天 14 吨 -木材生物量：每天 4 吨（预计） 分解水槽及加热设施 -铁分解水槽：220 立方米 -高效加热泵：266 千瓦 生物气体改进系统 -生物气体改进能力：每小时 300 立方米 -柱状气压装置：60 立方米×3 单元
链接	
其他	本项目的主要目标是，促进新技术的应用和提升，基于高效的污水治理和污水能源提取技术，极大地降低温室气体的排放和建设成本，本项目于 2011 年开始，由土地基础设施管理国家机构委任（土地、基础设施、运输、旅游部门）

B.1.3 英国标准学会智慧城市咨询文件

名　称	英国标准学会智慧城市咨询文件
发起者	英国标准学会
目的和范围	确定智慧基础设施项目的概念框架
与智慧相关的 主要方面	基本概念 城市供需平衡 降低城市基础设施资源供应浪费情况 系统交互操作 生态系统交互操作 利用一套资源提供多渠道信息 多渠道的横向整合及互补 英国标准学会魔方
指标或标准	交互操作层面
时间框架	非应用（历史文件）

应用结果	作为英国标准学会智慧城市标准战略的基础，用于英国智慧城市利益相关者的咨询
链接	http：//shop. bsigroup. com/en/Browse-By-Subject/Smart-Cities/？ t＝r
其他	

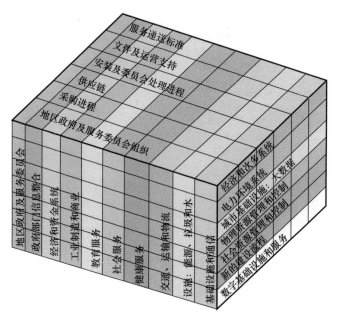

图 B.1 英国标准学会魔方

B.1.4 全球城市指标

名　称	全球城市指标
发起者	全球城市指标体系
目的和范围	当前在城市指标方面亟需全球化的标准，全球城市指标体系汇集了240个国家（正在增长中），为这些国家提供在数据收集等方面的国际标准，从而使得不同国家之间的知识交流更加国家化
与智慧相关的主要方面	主要用于辅助监测城市服务性能以及生活质量，它包含了一系列的标准化了的指标，具有持续性以及时间和空间上的比较性，这个体系可以提升观察城市未来趋势的能力，并且便于对不同的城市进行比较

32

指标或标准	涵盖了城市服务和生活质量两大方面，超过 120 个指标，当前该指标体系仍在继续丰富和完善，并将形成国际标准。 城市服务方面的指标主要有：教育、能源、资金、娱乐、火灾、应急、政务、健康、安全、固体废弃物、交通、城市规划、水污染。 生活质量方面的指标主要有：公民参与、文化、经济、环境、防护、社会平等和技术创新。 每个方面下的具体指标的选择都是基于以下原则： -能够解答城市重要的问题或涉及城市的主要方面； -易于获取、最新的、易于每年报告的； -易于在全球范围进行比较的； -便于公众政策的制定及目标的确定； -收集成本有效； -对于全球范围都是有用的，例如不同的地理、文化、影响、大小及政治结构； -简单不复杂易于理解； 关于改变指标是好还是坏是很清楚的
时间框架	2008 年以来，有超过 240 个城市报告了这套指标体系，这套指标体系当前正在由 TC 268/WG 2 进行制定，并将形成国际标准 37120 文件，出版时间约为在 2013 年夏
应用结果	应用该指标体系对城市服务和生活质量进行评价，可以提升城市的管理和规划
链接	www. cityindicators. org
其他	

B. 1. 5　绿色城市指标体系

名　称	绿色城市指标体系
发起者	由经济学人智库带领 由德国慕尼黑西门子公司资助
目的和范围	着重关注城市环境可持续发展方面的重要事宜，通过创建一个统一的工具来对城市运行中的性能进行评价，从而促进不同城市之间的分享和学习
与智慧相关的主要方面	绿色城市指标体系有助于提升城市的智慧程度，降低生态足迹，同时为人口的增长提供更多的居住机会，提升整个城市的经济发展，造福居民

指标或标准	指标体系大约涵盖了八到九个大类，共 30 个左右的指标，包含了二氧化碳排放、能源消耗、建筑和土地利用、交通、水、环境卫生、垃圾管理、空气质量和环境管理。大约有一半的指标是定量的（例如人均二氧化碳排放），还有一半是对城市环境政策定性评价（例如创造更多可再生能源的承诺）。 下面是绿色城市指标体系图： 绿色行动计划　二氧化碳强度 绿色管理　二氧化碳排放 氮氧化物排放　绿色政策的公众参与　二氧化碳降低策略 硫化物排放 臭氧排放　　　　　　　能源消耗 颗粒物量　　环境　二氧　　能源强度 空气清洁政策　管理　化碳　　可再生能源消耗 　　空气　　　　　清洁和高效能源政策 　　质量　指标　能源 水资源消耗　　　　　　建筑　居民楼能源消耗 系统泄漏　　水　　　　　建筑能源效率标准 污水系统治理　垃圾　交通　建筑能源效率强度 水效率和治理政策 市政垃圾生产　非机动交通使用 垃圾回收利用　非机动交通网规模 垃圾减量政策　绿色交通提升 绿色土地利用　拥堵减缓政策
时间框架	整个系列从 2009 年在欧洲开始制定，然后逐渐覆盖了美国、加拿大、亚洲、拉丁美洲和非洲等共 120 多个城市，在 2012 年末，澳大利亚和新西兰也计划采用
应用结果	欧洲绿色城市指标体系（2009） -在欧洲，哥本哈根排名第一，然后是北欧城市以及斯德哥尔摩和奥斯陆。 美国加拿大绿色城市指标体系（2011） -圣弗朗西斯科排名最高，在各大类中均有相应的重要政策。 拉丁美洲绿色城市指标体系（2010） -库里提巴在拉丁美洲排名最高，是唯一的一个远远超过平均数的城市。 亚洲绿色城市指标体系（2011） -新加坡是亚洲唯一一个远远超过平均数的城市。 非洲绿色城市指标体系（2011） -在非洲，虽然没有一个城市远远超过平均分，然而有四分之三的南非城市（开普敦、约翰内斯堡、德班）在平均分以上
链接	http://www.siemens.com/greencityindex
其他	附件文件：绿色城市指标体系：一个独立的标准测试工具

B.1.6 以 ICT 为主要特征的智慧城市（富士通）

名　称	以 ICT 为主要特征的智慧城市（富士通）
发起者	富士通有限公司
目的和范围	提升城市环境管理与舒适宜居生活的平衡能力

与智慧相关的 主要方面	-将智慧城市视为社会改革的动力 -与实现以人为本的智能社会的长远目标保持一致，本项目旨在应用 ICT 打造宜居、繁荣、安全的社会 -通过信息技术，提升创新加速、能源管理、区域经济、知识转移以及繁荣网络的建设。 -智慧城市的目标是基于社会价值循环模型，这需要更多的力量来创建真正的智慧城市，而非仅仅应用 ICT 将社会基础设施进行连接和管理，为公众提供更有价值的服务也是十分重要的。 方法 1： -地区能源生产和消耗：利用 ICT 进行详细的需求预测模拟，优化可再生能源、优化分散式发电的管理。 方法 2： -地区健康网络：加强地区健康信息联网，通过分享电子医疗记录创建大范围的链接，使得主要医院、医疗诊所、医疗中心等信息畅通。 方法 3： -智慧住房：通过通用电气接口，监测住房情况信息，提升能源管理、住房健康、包裹递送及其他相关服务
指标或标准	服务： -城市人均生产总值（USD） -每 10 万人口的医院床位数量 -交通工具的燃料效率 环境影响： -对城市的环境影响 能源： -城市能源运行中断率（%） -城市年温室气体排放量（吨二氧化碳当量） -可再生能源在总体能源中的比例 生物多样性： -生物多样性保护率 水： -城市水渗漏率（%）
时间框架	2012 年调查及咨询新理论框架的建设需求 2012 年草稿框架的发布 2013 年多个城市的试点测试 2014 年最终框架的发布 2015 年框架回顾
应用结果	已经应用了该项目的城市：福岛—会津若松市、千叶—浦安市、鹿儿岛—萨摩川内市。 已经应用了该项目的国家：日本 其他应用：无
链接	http://jp.fujitsu.com/about/csr/feature/2012/smartcity/
其他	

B.1.7 东芝智慧城市

名　称	东芝智慧城市
发起者	东芝
目的和范围	提升下一代城市，即智慧城市的建设，在智慧城市中，对多种基础设施，例如电力、交通、物流、医疗和信息等进行优化的集中优化控制和管理
与智慧相关的主要方面	东芝致力于，确保智慧城市的建设将会为能源、水及医药系统等的综合管理提供综合的解决方案，从而达到环境与舒适生活的协同平衡
指标或标准	能源方案： 主要思想是，通过优化使用传统能源系统和分布式发电系统，例如可再生能源，使能源的供给趋于稳定，同时通过双向交流协调能源的供给和消耗。 例如：μEMS, MDMS, Smart meter, Battery, Fuel Cells, HEMS, BEMS, FES, CEMS 水方案： 大量的能源被用于水资源的供给和污水处理系统，节约能源的方法正在探索中。 为了尽力实现环境与宜居的平衡，东芝将通过引入先进的控制系统和创新的技术，来实现节能、降低水污染，以及减少对环境的影响，这将有利于创建可持续的水循环系统。 信息和安全方案： 在智慧城市建设中，对大量的数据的智慧控制是十分重要的一个方面，例如优化控制能源及其他资源，以及处理那些与居民、生产、经济等相关的数据，通过信息和通信技术对能源设备进行管理，通过双向沟通进行供给和消耗的协调，这些过程中都需要数据的共享及统一的标准，利用高新技术实现信息安全，从而防止网络攻击也是十分重要的。 交通方案： 火车及汽车都在越来越多的利用电力进行驱动，从而降低二氧化碳的排放。 东芝提供了一种高效能源利用的交通解决方案，能够有效利用电力及太阳能来为汽车、公交及自行车等充电。 医疗方案： 在老龄化现象凸显的社会中，医疗系统对于支撑老年人的活动是十分重要的，创建一个良好的医疗环境，使得居民无医疗方面的后顾之忧更是重中之重，城市中的医疗检查、测试、诊断、治疗以及康复等步骤的建设具有重要意义。 为了实现疾病的尽早诊断、可靠诊断以及良好的治疗，东芝在"诊断和测试"以及"测试和治疗"领域强化了系统和解决方案，丰富了城市解决方案库

时间框架	2009 年创建智慧城市部，开始进行世界范围内智慧城市可行性研究 2011 年 M&A：Landis＋Gyr（智慧米），UNISON（风能设备） 2013 年在川崎建立智慧城市中心
应用结果	城市应用：27 个城市，包含横滨、里昂等 国家应用：10 个国家
链接	http：//www. toshiba-smartcommunity. com/EN/index. html♯/about http：//www. toshiba. co. jp/about/ir/en/pr2012. htm
其他	

B. 1. 8 中国城镇化的可持续发展及智慧城市

名　称	中国城镇化的可持续发展及智慧城市
发起者	（中国）住房城乡建设部 中国城市科学研究会
目的和范围	智慧城市在中国的发展背景 中国城镇化与智慧城市的关系 智慧城市基础研究 智慧城市评价指标体系 智慧城市的安全系统研究
与智慧相关的 主要方面	几千年来，在汉语中，"城市"具有经济和安全的意思，在中国智慧城市迅速发展的背景下，人们不再仅仅关注城市的经济增长，而是同时也关注与生活和环境的各个方面，例如公共政策、交通、安全等。中国的智慧城市的概念主要是基于中国城镇化的背景而提出的。 对于中国城镇化与智慧城市建设的关系，有更深入的了解能够帮助相关专家及政府管理者作出更加正确的决策
指标或标准	智慧城市评价指标体系有四个一级指标：保障体系与基础设施、智慧建设与宜居、智慧管理与服务、智慧产业与经济。有 11 个二级指标和 57 个三级指标。 指标体系涵盖了产业、民生、社会治理、生态环境、保障体系和基础设施建设，体现了"智慧"、"以人为本"、"可持续发展"等核心思想。

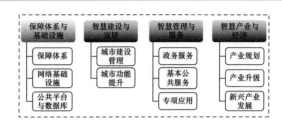

一级	二级	三级指标
保障体系与基础设施	保障体系	智慧城市发展规划纲要及实施方案、组织机构、政策法规、经费规划和持续保障、运行管理
	网络基础设施	无线网络、宽带网络、下一代广播电视网
	公共平台与数据库	城市公共基础数据库、城市公共信息平台、信息安全
智慧建设与宜居	城市建设管理	城乡规划、数字化城市管理、建筑市场管理、房产管理、园林绿化、历史文化保护、建筑节能、绿色建筑
	城市功能提升	供水系统、排水系统、节水应用、燃气系统、垃圾分类与处理、供热系统、照明系统、地下管线与空间综合管理
智慧管理与服务	政务服务	决策支持、信息公开、网上办事、政务服务体系
	基本公共服务	基本公共教育、劳动就业服务、社会保险、社会服务、医疗卫生、公共文化体育、残疾人服务、基本住房保障
	专项应用	智能交通、智慧能源、智慧环保、智慧国土、智慧应急、智慧安全、智慧物流、智慧社区、智能家居、智慧支付、智能金融
智慧产业与经济	产业规划	产业规划、创新投入
	产业升级	产业要素聚集、传统产业改造
	新兴产业发展	高新技术产业、现代服务业、其他新兴产业

指标或标准

时间框架	从 2012 年 7 月开始
应用结果	中国住房和城乡建设部智慧城市项目（2012 年到 2015 年，中国）
链接	www. dcitycn. org www. mohurd. gov. cn www. most. gov. cn
其他	

B. 1. 9　可持续智慧城镇概念

名　称	可持续智慧城镇概念
发起者	松下公司
目的和范围	建设舒适及环境友好型城市
与智慧相关的主要方面	智慧城镇：包含能源、移动及安全 可持续城镇：包含智慧土地利用、网络和全新城镇
指标或标准	全球变暖防范：降低二氧化碳排放 水资源保护：降低家庭用水消耗 生物多样性提升：创建生态绿色网络
时间框架	藤泽可持续智慧城镇：2014 年 3 月底开始启动 新加坡公共住房能源解决方案项目：2011 年底开始启动，直到 2013 年
应用结果	
链接	藤泽可持续智慧城镇： http://panasonic. net/fujisawasst/ http://panasonic. co. jp/corp/news/official. data/data. dir/en110526-3/en110526-3. html http://news. panasonic. net/archives/2011/0526_5407. html 新加坡公共住房能源解决方案项目 http://news. panasonic. net/archives/2011/0803_6123. html http://panasonic. co. jp/corp/news/official. data/data. dir/en110801-2/en110801-2. html
其他	

B. 2　相关项目总结

B. 2. 1　会津若松市智慧城市发展项目

项目名称	会津若松市智慧城市发展项目
项目拥有者	富士通公司
项目参与者	富士通公司
目的	在福岛管辖区的会津若松区域创建智慧城市，项目的目标包含：利用热力和电力整合系统，结合分布式生物能量热电联产，提升可再生能源的发展，创建能源控制中心
性能指标或目标	
与智慧相关的方面	
扼要描述	
时间框架	10 年
参考文件	
链接	
其他	

B. 2. 2　污水高技术项目的动力方法突破

项目名称	污水高技术项目的动力方法突破
项目拥有者	土地、基础设施、交通和旅游部
项目参与者	日本污水工作机构，梅德华污水处理公司
目的	在市政污水处理中，利用固液分离技术进行能源管理系统的试点研究
性能指标或目标	污水处理装置的能源自给自足率等
与智慧相关的方面	项目的主要目标是，通过智慧能源生产以及将生物气体生产最大化，来开发一个能源自给自足的市政污水处理系统
扼要描述	试点装置的处理能力：每天 5700 立方米 能源生产：100 千瓦 试点地区：大阪中滨污水处理厂 项目预算：11 亿日元
时间框架	2011 年启动和试运行 2012 年运行、数据收集、报告
参考文件	
链接	
其他	

40

B.2.3 污水高技术项目的动力方法突破：神户绿色项目

项目名称	污水高技术项目的动力方法突破：神户绿色项目
项目拥有者	土地和基础设施管理国家机构（土地、基础设施、交通、旅游部）
项目参与者	神户制钢所生态解决方案部和神户市（与大阪燃气合作）联合机构
目的	区域生物及污水污泥的分解 低循环成本、高功能的钢分解水槽系统 低循环成本沼气改进系统
性能指标或目标	通过高新技术降低温室气体的排放 通过高新技术降低建设成本
与智慧相关的方面	基于高效能的污水处理和污水能源提取技术，能极大地降低温室气体的排放和建设成本
扼要描述	神户市以它的优美的自然资源以及丰富的美食而闻名，神户市在东滩区污水处理厂生产了一种新的能源资源叫"神户沼气"，"神户沼气"的主要功效，将整个区域转变为一个可再生能源自给自足的强区。 本项目的主要目标是，证实和促进新技术的应用和提升，基于高效的污水治理和能源提取技术，极大地降低温室气体的排放和建设成本，本项目于2011年开始，由土地基础设施管理国家机构委任（土地、基础设施、运输、旅游部门）
时间框架	2011年（2012年继续）
参考文件	
链接	
其他	

B.2.4 八户市微电网示范项目

项目名称	八户市微电网示范项目
项目拥有者	新能源和工业技术发展组织 八户市
项目参与者	三菱电器公司 三菱研究所股份有限公司
目的	测试供需控制系统的性能
性能指标或目标	管理电力孤岛的运行 降低能源（电力和热量）消耗和二氧化碳排放
与智慧相关的方面	本项目提供了利用可再生能源进行孤岛运行的技术解决方案 本项目将能源（电力和热量）消耗以及二氧化碳的排放降低了50%～60%

扼要描述	电力孤岛的运行是每 5.4 公里 6.6 千瓦，共有 6 大用户，例如八户市、学校等，总共需要 605 千瓦，包含了： -供需控制系统 -PV（130 千瓦）和风（20 千瓦） -热电联产（510 千瓦） -电池（100 千瓦） 本项目依赖于百分之百的可再生能源，成功地实施了一个星期的孤岛运营。
时间框架	2003 年，试点调查和规划 2004 年启动 2005 年 10 月运营
参考文件	a）全球智能电网联合报告 2012 b）Y. Kojima，M. Koshio，S. Nakamura，H. Maejima，Y. Fujioka，T. Goda，"A Demonstration Project in Hachinohe：Microgrid with Private Distribution Line" IEEE International Conference System of Systems Engineering 2007，on 16-18 April 2007 c）H. Iwasaki，Y. Fujioka，H. Maejima，S. Nakamura，Y. Kojima，M. Koshio，"OPERATIONAL ANALYSIS OF A MICROGRID：THE HACHINOHE DEMONSTRATION PROJECT"，CIGRE 2008 session C6-109
链接	http：//www. globalsmartgridfederation. org/ （参考文件 a）
其他	

B. 2. 5 拉美综合城市发展

项目名称	拉美综合城市发展 本项目是由欧洲委员会的 URB-ALIII 项目资助，是一个与拉丁美洲合作的区域性项目，项目的主要目标是，提升拉丁美洲的社会和区域凝聚
项目拥有者	德国斯图加特州政府环境保护部
项目参与者	墨西哥吉娃娃州城市规划和生态秘书处 墨西哥瓜达拉哈拉市政策合作处 巴西圣保罗市绿色区域和环境秘书处 厄瓜多尔基多市区域协调处 哥伦比亚波哥大市环境办公室 巴西里约热内卢市规划办公室 当地可持续发展政府 项目合作伙伴： 德国联邦环境委员会环境和空间规划 智力比尼亚德尔马市 墨西哥交通和发展政策研究所 墨西哥瓜达拉哈拉市城市规划和建筑学院和主管部门

目的	提升那些已开发且具有潜力继续开发的地区的建设 包含了环境和社会方面，使得城市规划的内涵更加丰富 通过公众参与，提升具有潜力继续开发的地区的住房条件 提升具有潜力继续开发的地区的工作和居住条件 提升地区层面的环境友好和社会城市发展的管理能力
性能指标或目标	成果参见下面的网站 性能指标当前正在评价阶段，会在 2013 年 3 月或 4 月公布
与智慧相关的方面	本项目考虑了不同的基础设施及住房条件的协同效应及其之间的权衡
扼要描述	
时间框架	从 2008 年 11 月到 2012 年 11 月
参考文件	参见项目链接
链接	http://www.urbal-integration.eu
其它	a）拉丁美洲城市可持续发展（本研究仅在德国和西班牙可用）http://www.urbal-integration.eu/ b）墨西哥、哥伦比亚、厄瓜多尔、巴西和智利的可持续城市内部发展及棕色地块提升的框架研究。（本研究仅在德国和西班牙可用） c）墨西哥、哥伦比亚、厄瓜多尔、巴西和智利的可持续城市内部发展及棕色地块提升试点项目借鉴（本研究仅在德国和西班牙可用）http：//www.urbal-integration.eu/index.php? id=home

B.2.6 里昂项目

项目名称	里昂项目
项目拥有者	里昂市 新能源和工业技术发展组织
项目参与者	项目管理者：东芝、东芝解决方案有限公司 其它参与者：三洋、AGC、三菱汽车、布依格、威立雅运输、标致雪铁龙
目的	优化太阳能生产以及促进电动汽车的推广
性能指标或目标	节能 25％的能源（15％通过太阳能节省，83％通过电热联产节能） 通过新能源和电动汽车的使用达到二氧化碳零排放 将家用、建筑及运输中的能源利用进行可视化
与智慧相关的方面	本项目是新能源和工业技术发展组织与大里昂市达成一致的智慧城市试点项目

扼要描述	预算：大概 50 亿日元 周期：从 2011 年到 2015 年（大概 5 年时间） 地区：150 公顷 居民：7000 职工：7000
时间框架	2011 年可行性研究 2012 年项目启动 2013 年开发 2014 年开发 2015 年整个系统运行
参考文件	a）新能源和工业技术发展组织与大里昂市，达成了在法国里昂开展 智慧城市试点项目的协议（见下面的网站） b）从智能电网到智慧城市：技术和实践（见下面的网站）
链接	http://www. nedo. go. jp/english/whatsnew_20111226_index. html http://ewh. ieee. org/conf/sge/2012/
其他	

B. 2. 7　中国住房和城乡建设部智慧城市项目

项目名称	中国住房和城乡建设部智慧城市项目（2012 年到 2015 年）
项目拥有者	中国住房和城乡建设部 中国城市科学研究会
项目参与者	中国住房和城乡建设部 中国工业和信息化产业部 中国发改委 中国科技部 国家标准化管理委员会 广东省浙江省吉林省当地政府 上海市、南京市、宁波市、昆山市、佛山市、济源市、迁安市、咸 宁市、萍乡市 乐从镇 镇海区 辽源市 项目合作伙伴： 东方道迩、物联天下、软通动力、EastLand, Cybernery

目的	提升政府管理能力、提升产业优化和升级、提升中国城镇化背景下的居民生活水平。 选取了 15 个城市作为试点项目并进行了归类：5 个智慧城镇、5 个智慧城区、5 个智慧城市，利用 3-5 年时间，将 15 个智慧城市初步建成。 完成中国智慧城市评价指标体系和智慧城市建设标准体系。 基于智慧城市建设提升城镇化发展。 建设资源节约和环境友好型城市，促进可持续发展。 每年发布智慧城市发展报告
性能指标或目标	智慧城市评价指标体系 智慧城市建设标准体系
与智慧相关的方面	中国智慧城市、绿色城市、可持续城市概念
扼要描述	a）中国智慧城市应用 b）住房和城乡建设部智慧城市项目 —智慧城市（镇）试点示范家项目介绍 —智慧乐从项目 —智慧镇海项目 —智慧辽源项目
时间框架	从 2012 年 11 月到 2015 年 11 月
参考文件	
链接	www. dcitycn. org www. mohurd. gov. cn www. most. gov. cn
其他	

B. 2. 8 横滨智慧城市项目

项目名称	横滨智慧城市项目
项目拥有者	横滨市
项目参与者	项目管理者：东芝 其它参与者：埃森哲咨询公司、东京电力公司、东京瓦斯、松下、日产汽车、明电舍
目的	建造横滨低碳城市
性能指标或目标	降低 30％的二氧化碳排放量 —4200 住户
与智慧相关的方面	本项目主要旨在，应用以上提到的高新技术来建造一个低碳城市

扼要描述	项目五年总体花费：大约 740 亿日元 人口：大约 42 万 家庭：大约 17 万 面积：大约 60 平方公里 车辆拥有数：大约 15 万辆
时间框架	从 2010 年到 2011 年： ——规划：组织架构的确定以及与其他地区项目的合作。 ——海外市场开发：参与亚太经贸合作组织以及其他的一些国际事宜，并独立地组织其他相关事宜。 ——识别运行功能需求：创新网络管理 2011 年：组织架构运行 2012 年：智慧城市管理示范
参考文件	a）横滨智慧城市项目总体规划（见下面的链接） b）从智能电网到智慧城市：技术和实践（见下面的链接）
链接	http：//www. city. yokohama. lg. jp/ondan/english/ http：//ewh. ieee. org/conf/sge/2012/
其他	

附录 C
（资料性附录）
对选定的工作的总结

C.1 选定的相关工作概览

C.1.1 概述

本技术报告选定了以下相关工作：

—28 种国际标准、概念和指标；

—124 个项目。

注1：选定的相关工作包含在附录 A 和附录 C 中。

注2：选定的相关工作并非穷举的。

C.1.2 地理差异

表 C.1 列举了所选定的相关工作的地理分布情况。

关于所选定的相关国际标准、概念和指标，其中有一半是由国际组织发布的，36％来源于亚洲，其次是欧洲。

关于项目，选定的工作在地理上是分散的。

选定的相关工作在区域上的分布　　　　表 C.1

描述	区　域								
	国际	欧洲	亚洲	大洋洲	中东	非洲	北美	南美	其他
国际标准、概念和指标	14	3	10	—	—	—	1	—	—
项目	—	28	51	2	2	1	36	2	2

注：对区域类别的界定依据联合国对区域的定义。

C.1.3 经济差异

关于国际标准、概念和指标，发达国家占36％，发展中国家占14％，其余的50％来自国际组织。

在全球124个项目中，在发达国家实施的占57％，在发展中国家实施的占43％。

关于棕色地块项目和绿色地块项目：棕色地块项目占76％，绿色地块项目占14％，有10％的尚未确定地块类型的项目。

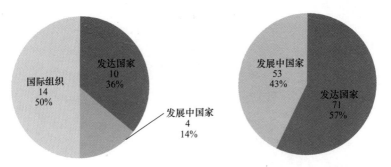

图 C.1　选定的国际标准、概念和指标　　图 C.2　选定的项目在发达国家
　　　在国际组织、发达国家、发展　　　　　　　和发展中国家的比例
　　　中国家中占的比例

注：对于发达国家和发展中国家
　　的分类，是基于 ISO 委员会
　　所通过的发展中国家列表。

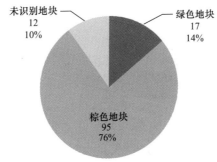

图 C.3　选定的项目在绿色地块和棕色地块中的比例

C.2　城市面临的可持续发展问题/城市成效指标

本技术报告选定了许多与城市可持续发展相关的工作，涵盖了所有区域的城市指标。

与可持续发展的主要方面可以归为以下三大类：环境、经济和社会，如表 C.2 所示。

与可持续发展相关的三大类　　　　　　　表 C.2

类　　别	例　子
环境	-降低环境影响（如二氧化碳排放、垃圾、污染） -环境质量提升（如空气质量、水质量、土壤质量） -资源高效利用

类　别	例　子
经济	-提升经济相关指标（如国民生产总值、生产率、就业岗位、投资） -降低成本（如能源成本、水成本、建设成本） -建设和提升基础设施（如交通系统、公共住房）
社会	-公共服务（例如教育、医疗、安全、安保） -生活质量提升 -娱乐服务
其它	-交叉类别（例如城市规划、能源安全）

在选定的国际标准、概念和指标中，与环境相关的最多，占96％，经济和社会相关的其次，分别占75％。

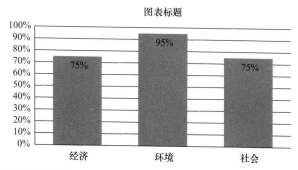

图 C.4　在选定的国际标准、概念和指标中每类（环境、经济和社会）的比率
（去除了那些没有相关大类的国际标准、概念和指标项目）

在所选定的国际标准、概念和指标所覆盖的大类方面，超过87％的相关工作覆盖了不仅仅一个大类。

对于所选定的项目也进行了同样的分析，如图 C.6 所示，经济大类所占的百分率最高，其次是环境大类，占76％。

另外，对于发达国家和发展中国家的情况也分别进行了归类比较，如图 C.7 所示，两者有着

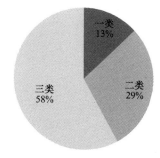

图 C.5　选定的国际标准、概念和指标所覆盖的类别数比较
（去除了那些没有相关大类的国际标准、概念和指标项目）

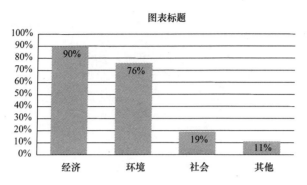

图 C.6　每一类在选定的项目中的覆盖率
（不包含那些没有数据的项目）

类似的趋势，经济大类所占的比例都是最多的，其次是环境大类，社会大类是最少的。发达国家和发展中国家最大的不同是，发展中国家的社会大类的比例要远远高于发达国家。

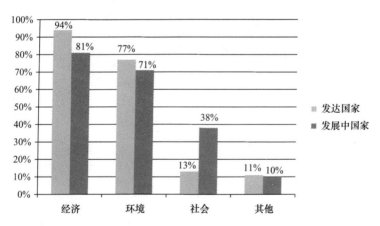

图 C.7　对发达国家和发展中国家中每大类覆盖率的比较
（不包含那些没有数据的项目）

　　通过对选定的项目所覆盖的大类进行分析发现，71%的项目覆盖了不止一个大类。通过与所选定的国际标准、概念和指标的结果进行比较发现，在选定的项目中的三个大类全都覆盖的比率远远要小，而所选定的项目中的大部分项目仅仅关注两个大类。

50

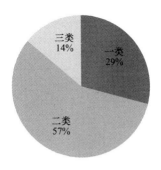

图 C.8　选定的项目所覆盖的大类比较

（不包括那些没有数据的项目）

通过对发达国家和发展中国家所选定的项目覆盖的大类进行比较发展，三大类都覆盖的项目在发展中国家中的比例较高，仅覆盖一个大类的项目也是在发展中国家中所占的比例较高。

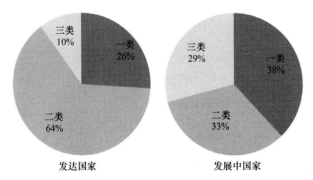

图 C.9　发达国家和发展中国家中所选定的项目所覆盖的比例比较

（不包括那些没有数据的项目）

C.3　城市基础设施

对所选定的国际标准、概念和指标以及项目的城市基础设施进行了回顾，对五类城市基础设施（例如能源、水、交通、垃圾和ICT）进行了分析。

对每一种基础设施进行分析得出，能源是所选定的国际标准、概念和指标中覆盖最为广泛的，同时，五项基础设施都既被视为方法又被视为目标。

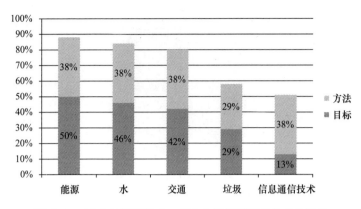

图 C.10　选定的国际标准、概念和指标所覆盖的基础设施
(不包括那些没有相关大类的国际标准、概念和指标以及项目)

在所选定的项目中，能源和 ICT 占据了较大的比例，许多项目把能源本身的发展作为目标，而且在大量的项目中，把 ICT 视为提升能源的重要手段，同时，在一些项目中，将其他基础设施视为提升能源的重要手段，例如交通、水、垃圾等。

另一方面，没有任何项目将 ICT 作为目标，所有的项目都将其视为实现目标的手段。

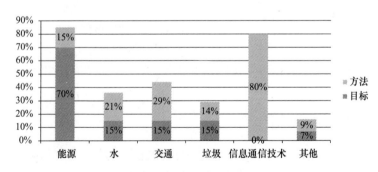

图 C.11　所选定的项目所包含的基础设施及其原因（目标的方法）
(不包括那些没有数据的项目)

注：许多将 ICT 视为目标的大型项目，主要是在 20 世纪 90 年代中期的发展中国家，是完全进行信息技术基础的建设，并未将其他的基础设施纳入，这类项目未包含在本报告中。

在对发达国家和发展中国家的比较中得出，能源在发达国家中提出的最多，尽管在发展中国家，能源既是目标又是方法，但是水、交通和垃圾仍占据较大的比例。

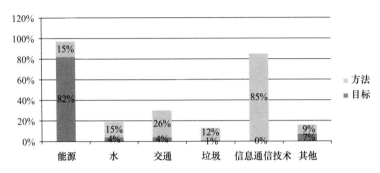

图 C.12　所选定的项目在发达国家中所包含的
基础设施及其原因（目标或方法）
（不包括那些没有数据的项目）

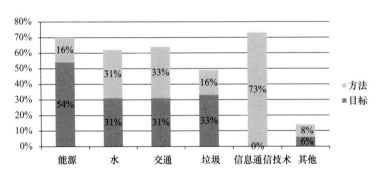

图 C.13　所选定的项目在发展中国家中所包含的
基础设施及其原因（目标或方法）
（不包括那些没有数据的项目）

ICT 被视为达到能源目标的最常用方法，然后是交通、水和垃圾，这或许与许多项目将智能电网信息系统作为主要目标有关。
在对发达国家和发展中国家进行比较时也显示了相似的结果（ICT 通常是被作为手段）。

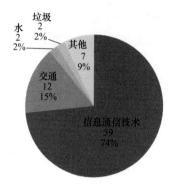

图 C. 14　基础设施用作实现能源目标的方法

（不包括那些没有数据的项目）

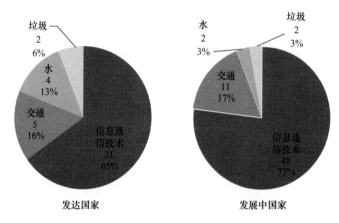

发达国家　　　　　　　　发展中国家

图 C. 15　实现能源目标的方法的基础设施

（去除了那些没有数据的项目）

注：一些所选定的项目通常也包含了其他方面，例如城市规划、能源、安全和健康医疗等基础设施，这些类别被归为其他。

C. 4　计量

通过对相关工作的回顾，选定了一些不同的指标，根据它们不同的属性，可以将这些指标归为两组：1）与城市本身相关的输出指标；2）与城市基础设施相关的指标。第二组又可以继续划分为：a）城市某一基础设施的某一特定方面的运行状态；b）城市基础设施的输出或技术性能指标。

　　注：这个分析覆盖了多种类型的指标（例如：结果指标和状态指标、城市指标和项目指标）。

　　表 C.3 对其进行了详细的解释并举例。

相关工作中定义的指标　　　　　　　　表 C.3

指标属性	举　例
与城市本身相关的输出指标（第一组）	人均温室气体排放（全球城市指标、绿色城市指标体系） 成本节约（多个项目） 国民生产总值增长率（多个项目） 人口密度（绿色城市指标体系） 至少保证三天的运行（Securing minimum utilities for life style by 3 days）（松下可持续智慧城镇概念） 城市贫困人口比（全球城市指标） 以环境质量为分子、环境承载能力为分母计算的指标（城市环境效率综合评价系统）
与城市基础设施相关的指标（第二组） a）城市某一基础设施的某一特定方面的运行状态	普及率（例如某些类型的基础设施在整个城市中的数量） 授权电力服务的城市人口百分比（全球城市指标） 可再生能源占所有能源消耗的比例（全球城市指标等） 每 10 万人口的交通系统长度（全球城市指标） 每 10 万人口的轻轨客运系统的公里数（全球城市指标） 电力交通及充电站的数量（许多项目） 引入的家庭能源管理系统的数量（日本横滨智慧城市项目以及其它许多项目）
与城市基础设施相关的指标（第二组） b）城市基础设施的输出或性能指标	能源 输出功率（以信息技术为主要特征的日本智慧城市等） 水 渗漏率（绿色城市指标体系、以信息技术为主要特征的日本智慧城市等） 垃圾 垃圾回收率（绿色城市指标体系、普华永道城市机会） 城市层面的城市基础设施 无

C.5　创新特征

　　本技术报告选定了一些特有的定性特征，这些定性特征并不适合用图进行列举或总结。

所选定的相关工作的创新特征见表 C.4。

选定的相关活动的创新特征举例　　　　　　　　表 C.4

类　别	创新特征及相关工作举例
生命周期方面	城市基础设施的低生命周期成本（污水高技术项目的动力方法突破）
对不同基础设施之间的协同的考虑	不仅测量可持续性，也测量服务的水平（中国城镇化的可持续发展及智慧城市） 住房环境效率：一个将住房环境质量做分子、住房环境承载量做分母而计算出的指标（城市环境效率综合评价系统）
不同地理区域的应用	对于每个地理区域进行不同的评价（绿色城市指标体系）
着重关注于某一特定类型的城市基础设施	利用信息技术，解决客户的广泛需求（IBM 智慧城市） 水和水污染服务的主要性能指标（ISO 24510 系列）
考虑多种城市基础设施的性能	多种城市指标（主要关注于城市每项基础设施的普及率，例如在城市中的直达航班的数量）
多种基础设施的整体视能	传输渠道以及横向整合（英国标准学会智慧城市战略标准） 考虑不同基础设施及建筑工地的协同性（拉美综合城市发展） 多种智能电网项目
关注高新技术的特定设计	太阳能板的引进（多种项目） 风力涡轮机的引进（多种项目） 电力交通的引进（多种项目）
对技术和社会解决方案的整合	对技术（电力、水、智慧电话应用等）及居民需求的整合（可持续迪比克）
对城市进行比较排名	对城市的性能进行全球性的比较，并实现知识的共享（全球城市指标） 综合评分（一个数值）& 城市排名（绿色城市指标体系）
关注某一类型的城市基础设施的性能	水及水污染设施服务的主要性能指标（ISO 24510 系列）

C.6　对当前智慧工作的讨论总结

对选定的相关工作中，与"智慧"有关的主要方面进行了讨论，对其中的某些方面进行了列举：

a）可持续发展：

—是地方政府从事可持续发展的最重要工具（奥尔堡承诺）。

b）考虑多种类别的基础设施之间的协同：

——在降低对环境的影响的同时，适应人口的增长并促进居民的经济竞争力（绿色城市指标体系）；

——不仅仅关注国内生产总值和经济的增长，也关注生活和环境等方面（中国城镇化的可持续发展及智慧城）；

——涵盖了能源、水以及医疗系统等的综合解决方面，以实现环境保护与舒适宜居的协同平衡（东芝智慧城市）；

——欧洲智慧城市：认为智慧体现在，通过参与性管理，对自然资源进行智慧管理，实现对人类、社会、运输及现代ICT等基础设施的投资，能够有助于经济的可持续发展，并有助于提升居民的生活质量。

c）降低温室气体排放：

——极大地降低温室气体的排放（污水高技术项目的动力方法突破）；

——将能源（电能和热能）消耗和二氧化碳的排放降低到原来的50%～60%（八户市微电网示范项目）；

——通过引入以上描述的各种高新技术，建设低碳型城市（横滨智慧城市项目）。

d）高效性：

——基于高效能的污水处理及污水能源提取降低建设成本（污水高技术项目的动力方法突破）；

——降低基础设施的重复建设（英国标准协会智慧城市咨询文件）。

e）响应能力：

——智慧城市基础设施应该能随着环境（例如用户的需求等）的变化而及时响应，实现性能的提升（皇家工程学院：未来智慧基础设施）；

——及时将城市的供给及需求进行匹配（英国标准学会智慧城市咨询文件）。

f）多种基础设施的宏观视角（例如交互操作）：

——系统的交互操作（英国标准学会智慧城市咨询文件）；

——考虑不同基础设施之间的协同性以及不同地点的兼容性（拉美综合城市发展）。

g）ICT 的使用：

——利用一套数据库实现其他各方面的目的（英国标准学会智慧城市咨询文件）；

——通过提升 ICT 的建设来创建更加繁荣更加安全的社会（以 ICT 为主要特征的智慧城市）。

h）其他：

——提升城市预测未来趋势的能力及当下的竞争力（全球城市指标）。

附录 D
（资料性附录）
选定的活动的属性表

选定的国际标准、概念、理念框架和指标

表 D.1

描述	状态	相关基础设施						社区面临的主要问题		
		能源	水	交通	废弃物	ICT	其他的	经济	环境	社会

绿色城市指标体系（http://www.siemens.com/greencityindex.com）

区域/国家	国际							-国内生产总值	-二氧化碳 -垃圾回收 -水 -土地利用 -空气质量 -绿地	—
经济发展阶段*	3									
应用区域	国家、区域、洲、全球									
预期使用者	西门子（由经济学人智库支持）	进行中	P	P	P	—	U	—		
预期用户	经济学人智库									
应用案例	评价									

能源与环境设计认证（LEED）（http://www.usgbc.org/leed）

59

描述		状态	相关基础设施							社区面临的主要问题		
			能源	水	交通	废弃物	ICT	其他	潜在的	经济	环境	社会
区域/国家	美国	进行中，从2000年开始	P	P	P	P	—	—	U	-降低管理成本 -提升资产价值及利润 -提升雇佣者的生产率和满足感 -提升循环经济性能	-保护和改善生态系统及生物多样性 -提升空气和水质量 -降低污染物排放 -保护自然资源 -提升空气和热能质量	-为居民或承租人提供舒适、健康的生活环境 -降低当地建设基础设施的负担 -创建高质量生活
经济发展阶段*	1											
应用范围	建筑											
提出者	美国绿色建筑协会委员会											
预期用户	申请认证者（例如建筑拥有者等）以及及审计部门											
应用案例	认证评价											

城市机会 - 21世纪业务敏捷性指标（http://www.pwc.co/jp/ja/japan-news/2010/20100406.html）

描述		状态	能源	水	交通	废弃物	ICT	其他	潜在的	经济	环境	社会
区域/国家	国际	进行中	P	P	P	P	P	U		-智慧化资本和创新 -技术敏捷性 -交通运输和基础设施 -经济实力 -简化商业流程 -成本 -城市门户	-可持续的自然环境	-健康安全 -宜居
经济发展阶段*	3											
应用区域	全球											
提出者	与纽约市合作											
预期用户	城市评价											
应用案例	评价（排名）											

续表

描 述	状态	相关基础设施							社区面临的主要问题		
		能源	水	交通	废弃物	ICT	其他	潜在的	经济	环境	社会
欧洲绿色都市（http://ec.europa.eu/environment/欧洲 angreencapital/index en.htm）											
区域/国家											
	欧洲								-城市土地利用 -本地运输就业	-二氧化碳 -污染（空气、噪声、水）-废弃物 -能源 -环境管理	—
经济发展阶段*	1										
应用区域	区域										
提出者	欧洲委员会环境部门	进行中（2011~）	M	M	M	M	—	M	—		
预期用户	地区政府										
应用案例	城市发展和管理										
城市生物多样性指标（新加坡指标）（http://www.cbd.int/authorities/gettinginvolved/cbi.shtml）											
区域/国家	亚洲/太平洋地区									-23项指标	-休闲与教育服务
经济发展阶段*	3										
应用区域	城市										
提出者	生物多样性保护	进行中	—	—	—	—	—	—	—		
预期用户	国家/地区政府										
应用案例	生物多样性的自我检查										

描述		状态	相关基础设施							社区面临的主要问题		
			能源	水	交通	废弃物	ICT	其他	潜在的	经济	环境	社会
全球城市指标设施（http://www.cityindicators.org/）												
区域/国家	国际											
经济发展阶段*	3											
应用区域	超过10万人口的城市	进行中	P	P	P	P	—	U	—	-金融 -经济 -技术和创新	-能源 -固体废弃物 -交通 -城市规划 -废水 -水	-教育 -娱乐 -消防 -政府 -健康 -安全 -市民参与 -文化 -避难所 -社会平等
提出者	国际联盟（由联合国人居署、国际地方环境理事会、联合城市及地区政府、OECD、多伦多大学支持）											
预期用户	参与的城市											
应用案例	评价											
智能社区奖（http://www.intelligentcommunity.org/index.php? src==）												
区域/国家	加拿大/国际											
经济发展阶段*	3											
应用区域	城市	进行中	—	—	—	—	P	—		-经济竞争力	—	—
提出者	智慧城市论坛											
预期用户	智慧城市论坛											
应用案例	评价（奖励）											

描述	状态	相关基础设施						社区面临的主要问题		
		能源	水	交通	废弃物	ICT	其他潜在的	经济	环境	社会
智慧城市（http://www.ibm.com/smarterplanet/us/en/smarter cities/overview/index.html）										
区域/国家　美国/国际 经济发展阶段*　3 应用区域　地区城市、商业 提出者　美国国际商用机器公司 预期用户　地区政府、商业 应用案例　需要解决问题时	进行中	P	P	P	P	M	U	—	-能源 -水	-政府和机构管理 -教育 -社会健康 -公共安全
智慧城市框架（http://www.cisco.com/web/about/ac79/docs/ps/motm/Smart-City-Framework.pdf）										
区域/国家　美国/国际 经济发展阶段*　3 应用区域　地区城市、商业 提出者　思科 预期用户　公共和私人用户 应用案例　规划和建设智慧城市	进行中	P	P	P	P	M	U	-交通（火车、道路、空运、物流） -不动产（居民、商业、零售、酒店、公共建筑）	-基础设施（能源、水、垃圾）	-城市服务（健康、教育、防火、政策、市政服务）

可持续城市项目（http://rfsc.tomos.fr/）

63

描述		状态	相关基础设施						潜在的	社区面临的主要问题		
			能源	水	交通	废弃物	ICT	其他		经济	环境	社会
区域/国家	欧洲	进行中	M	M	M	M	M	M	—	-经济吸引力 -当地经济发展 -可持续生产力 和消费业 -就业	-二氧化碳 -能源 -空气质量 -水质量 -土壤污染 -噪声及垃圾及管理	-人类资源 -可达性 -多样性 和平等性 -健康与宜居 -住房 -文化与休闲 -公共参与 -政府
经济发展阶段*	1											
应用区域	地区											
提出者	欧洲委员会 （区域政策部）											
预期用户	地方当局											
应用案例	城市发展和管理											

智慧城市模型（维也纳技术大学）

描述												
区域/国家	欧洲											
经济发展阶段*												
应用区域												
提出者	维也纳技术大学											
预期用户												
应用案例												

描 述	状态	相关基础设施							社区面临的主要问题		
		能源	水	交通	废弃物	ICT	其他的	潜在的	经济	环境	社会
欧洲智慧城市 (www.smart-cities.eu)											
区域/国家 欧洲 经济发展阶段* 1 应用区域 区域 提出者 欧洲智慧城市小组(一个由五位来自维也纳大的学者组成的联合项目) 预期用户 地方当局 应用案例 从其他城市案例中学习经验	完成	M	M	M	M	M	M	—	-竞争力 -生产力 -灵活性 -知识产权	-能源和二氧化碳 -自然条件 -污染 -资源管理	-可持续性 -公共参与 -多样性与平等性 -公开透明 -就业 -社区安全
奥尔堡承诺 (www.aalborgplus10.dk)											
区域/国家 欧洲 经济发展阶段* 1 应用区域 区域 提出者 欧洲智慧城市小组和城镇活动/奥尔堡市 预期用户 地方当局 应用案例 城市发展和管理	进行中 (目前为止·665个地区政府已签署)	M	M	M	M	—	M	—	-区域差距 -城市扩张 -再开发 -生产力 -地区经济发展	-二氧化碳 -水 -生物多样性	

65

描述		状态	相关基础设施							社区面临的主要问题		
			能源	水	交通	废弃物	ICT	其他	潜在的	经济	环境	社会
宜居排名（http：//www.eiu.com/site info.asp? info name＝The Global Liveability Report#）												
区域/国家	英国（国际）	进行中	M	M	M	—	M	M	—	-交通质量 -基础设施质量	-天气条件	-民主程度 -社会可持续 -生活质量 -教育机会和质量
经济发展阶段*	3											
应用区域	区域											
提出者	经济学人智库											
预期用户	企业领导者											
应用案例	为商业决策做准备											
信息市场：城市新经济（http：//www.arup.com/Publications/Information Marketplaces the new economics of cities.aspx）												
区域/国家	英国（国际）	该报告于2011年10月出版	M	M	M	M	M	M	—	-降低能源及水成本 -创造就业岗位 -促进工业领域的经济增长 -提升格网的可靠性等	-降低二氧化碳 -节能（电力） -降低污染等	-医疗 -降低交通拥堵 -垃圾处理等
经济发展阶段*	3											
应用区域												
提出者	气候组织、英国奥雅纳工程顾问公司、埃森哲咨询公司、诺丁汉大学											
预期用户	城市领导者、商业领导者											
应用案例	用于理解"智慧城市"未来过度的工具											

英国标准学会：智慧城市标准战略（http://shop.bsigroup.com/en/Browse-By-Subject/Smart-Cities/? t=r）

描述	状态	相关基础设施						潜在的	社区面临的主要问题		
		能源	水	交通	废弃物	ICT	其他		经济	环境	社会
区域/国家	公开咨询已停止	M	M	M	M	M	—				
经济发展阶段* 1											
应用区域 英国											
提出者 英国标准学会											
预期用户 英国标准学会											
应用案例 智慧城市标准的基础战略											

地区环境行动委员会（http://www.iclei.org/）

描述	状态	相关基础设施						潜在的	社区面临的主要问题		
		能源	水	交通	废弃物	ICT	其他		经济	环境	社会
区域/国家 国际	进行中（从1990年开始）			P	P	P				-生物多样性 -气候 -生态流通性 -基础设施管理 -政府采购 -恢复力和适应性 -可持续城市 -水	
经济发展阶段* 3											
应用区域 不同规模的城市和城镇											
提出者 国际地方环境理事会（联合国可持续发展委员会、联合国气候变化框架公约、联合国环境规划署等支持）											
预期用户 城市和城镇地区政府											
应用案例 解决相关事宜											

描　述	状态	相关基础设施							社区面临的主要问题		
		能源	水	交通	废弃物	ICT	其他的	潜在的	经济	环境	社会
ISO 24510 系列（www.iso.org/obp）											
区域/国家　国际	于 2007 年发布		P							-自然资源可持续利用 -垃圾水处理 -环境影响	-水资源可达性
经济发展阶段*　3											
应用区域　世界组织											
提出者　ISO											
预期用户　利益相关者											
应用案例　评价和提升用户服务											
ISO 50001 能源管理系统－使用指导手册（www.iso.org/obp）											
区域/国家　国际	于 2011 年发布	M							-能源成本	-降低温室气体排放及其他对环境的影响	
经济发展阶段*　3											
应用区域　利益相关者											
提出者　ISO											
预期用户　组织											
应用案例　使组织建立能够提高能效的系统和流程											

描述	状态	相关基础设施							社区面临的主要问题		
		能源	水	交通	废弃物	ICT	其他	潜在的	经济	环境	社会
中国城市信息化评价指标											
区域/国家　中国											
经济发展阶段*　2											
应用区域											
提出者											
预期用户											
应用案例											
中国城镇化的可持续发展及智慧城市（www.dcitycn.org；www.mohurd.gov.cn；www.most.gov.cn）											
区域/国家　中国											
经济发展阶段*　2											
应用区域　中国住房城乡建设部智慧城市项目（2012-2015）	从2012年7月开始使用										
提出者　中国住房城乡建设部、中国城市科学研究会											
预期用户　国家/地区政府											
应用案例											
城市可持续发展指标：测量中国城市的新工具（http://www.urbanchinainitiative.org/wp-content/uploads/2012/04/2010-USI-Report.pdf）											

描 述	状态	相关基础设施							社区面临的主要问题		
		能源	水	交通	废弃物	ICT	其他	潜在的	经济	环境	社会
区域/国家 中国											
经济发展阶段* 2									-绿色岗位 -保护环境投资	-清洁空气/水 -垃圾回收 -公共绿地	-城市密度 -多种公共交通的使用 -教育 -住房 -健康
应用区域											
提出者 城市中国研究计划（哥伦比亚大学、清华大学和麦肯锡公司联合研究计划）		M	M	M	M		M				
预期用户 国家/地区政府											
应用案例											

城市竞争力蓝皮书 (http://www.gucp.org/en/news.asp? NewsID=108&BigClassID=48&SmallClassID=81)

描 述	状态	相关基础设施							社区面临的主要问题		
区域/国家 中国											
经济发展阶段* 2	进行中										
应用区域 中国的城市											
提出者 中国社会科学研究院											
预期用户 中国的城市											
应用案例 评价（排名）											

全球城市实力指数 (http://www.mori-m-foundation.or.jp/research/project/6/pdf/GPCI2011.pdf)

描　述		状态	相关基础设施							社区面临的主要问题		
			能源	水	交通	废弃物	ICT	其他	潜在的	经济	环境	社会
区域/国家	日本（国际）									-市场吸引力 -经济活力 -经济环境 -法规和风险 -研究与发展（R and D）	-生态 -污染 -自然环境	-文化交互 -宜居 -可达性
经济发展阶段*	3											
应用区域	35个国际化大都市											
提出者	城市战略研究所、森纪念基金	使用中			M			M				
预期用户												
应用案例	建成之后											

以ICT为主要特征的智慧城市（http://jp.fujitsu.com/about/csr/feature/2012/smartcity/）

描　述		状态	能源	水	交通	废弃物	ICT	其他	潜在的	经济	环境	社会
区域/国家	日本									-城市GDP	-环境影响 -能源 -生物多样性 -水	-医院病床数
经济发展阶段*	1											
应用区域	三个城市：福岛·会津若松市；千叶·浦安市；鹿儿岛-萨摩川内港市	草稿框架于2012年发布	P	P			M	U				
提出者	富士通有限公司											
预期用户												
应用案例												

可持续智慧城镇概念（http://news.panasonic.net/archives/2011/0526 5407.html）

71

续表

	描述	状态	相关基础设施							社区面临的主要问题		
			能源	水	交通	废弃物	ICT	其他	潜在的	经济	环境	社会
区域/国家	日本									-资产管理 -金融	-预防全球变暖 -水资源保护 -提升生物多样性	-灾害安全预警 -医疗服务
经济发展阶段*	1											
应用区域	藤泽可持续智慧城镇，新加坡公共住房能源解决方案测试新项目	实施中	P	P	P		M	U				
提出者	松下公司											
预期用户												
应用案例												

东芝智慧城市（http://www.toshiba-smartcommunity.com/EN/index.html#/about;http://www.toshiba.com.jp/about/ir/en/pr/2012.htm）

	描述	状态	能源	水	交通	废弃物	ICT	其他	潜在的	经济	环境	社会
区域/国家	日本										-环境意识	-宜居
经济发展阶段*	3											
应用区域	27个城市包括横滨、利安德等以及10个乡村	2009年，智慧城市部建成，智慧城市可行性研究在全世界展开	P	P	P		P	P				
提出者	东芝											
预期用户												
应用案例												

描 述		状态	相关基础设施						潜在的	社区面临的主要问题		
			能源	水	交通	废弃物	ICT	其他		经济	环境	社会
污水高技术项目的动力方法突破												
区域/国家	日本									-降低建设成本	-降低温室气体排放	
经济发展阶段*	1											
应用区域	-区域生物量摄入设施 -分解槽沼气升级系统 气罐沼气升级系统	2011年到2012年	P	M								
提出者	日本神户制钢所生态解决方案部和神户市（与大阪瓦斯合作）											
预期用户												
应用案例												
横滨智慧城市项目												
区域/国家	日本									-工业生命力 区域生产总值 就业人数 -经济交易 旅游人数 公共运输	环境方面： -自然保护 土地利用 -环境质量 空气质量 水质量	生活环境 住房质量 公园和其他 设施 排水系统 交通安全
经济发展阶段*	1			P		P						
应用区域												
提出者	日本可持续建筑联合会（JSBC）											

73

描述		状态	相关基础设施							社区面临的主要问题		
			能源	水	交通	废弃物	ICT	其他	潜在的	经济	环境	社会
预期用户										-金融能力 税收 地方债券	噪音 -噪声 -资源回收 垃圾回收 -环境措施 -环境保护和生物多样性保护政策 温室气体排放方面： -能源资源的二氧化碳排放 工业 居住 商业 交通 能源 -工业处理 -垃圾处理 -农业 -其他	犯罪预防 -社会服务 教育服务 文化服务 医疗服务 儿童服务 残疾人服务 老人服务 -其他 由于出生和死亡而导致的人口变化 由于移民而导致的人口变化率 信息化率 提升社会活力的政策
应用案例					P		P					

* 发达国家：1；发展中国家：2；国际：3。
a "P" =理念目标（将城市基础设施作为实现其它基础设施的目的的手段，例如利用ICT提升城市能源）；"M" =实现途径（将城市基础设施作为实现目标和目的）；"U" =未确定。

74

表 D.2

选定的项目

描述	状态	时间框架	绿色用地	能源	水	交通	相关基础设施			
			绿色用地和棕色用地				垃圾	ICT	其他的	潜在的多种基础设施的交互

横滨智慧城市项目 (http://www.city.yokohama.lg.jp/ondan/english)

区域/国家	日本								
经济发展阶段*	1								
城市/国家应用	日本横滨	进行中	2010-	B	P		M	M	
项目拥有者									

杜克能源商务服务有限公司智能电网项目 (http://www.smartgrid.gov/project/duke energy carolinas llc smart grid deployment)

区域/国家	美国								
经济发展阶段*	1								
城市/国家应用	印第安纳波利斯市、肯塔基州、北卡罗莱纳州、俄亥俄州、南卡罗莱纳州	进行中	2008	B	P		M	M	无
项目拥有者	杜克能源商务服务有限公司								

CenterPoint Energy 智能网格项目 (http://www.smartgrid.gov/project/centerpoint energy houston electric llc smart grid project)

区域/国家	美国								
经济发展阶段*	1								
城市/国家应用	德克萨斯州	进行中		B	P		M	M	无
项目拥有者	CenterPoint Energy 休斯顿电力有限公司								

75

福罗里达州电力照明公司智能电网项目（http://www.smartgrid.gov/project/florida power light company energy smart florida）

描述	时间框架	状态	绿色用地和棕色用地	能源	水	交通	垃圾	ICT	其他	潜在的	多种基础设施的交互
		进行中	B	P				M			无

区域/国家	美国
经济发展阶段*	1
城市/国家应用	弗洛里达州
项目拥有者	

发展能源服务有限公司，智能电网项目（http://www.smartgrid.gov/project/progress/energy service company optimized energy value chain）

描述	时间框架	状态	绿色用地和棕色用地	能源	水	交通	垃圾	ICT	其他	潜在的	多种基础设施的交互
		进行中	B	P				M			无

区域/国家	美国
经济发展阶段*	1
城市/国家应用	北卡罗莱州、南卡罗莱州
项目拥有者	发展能源服务有限公司

巴尔的摩汽车及电力公司智能电网项目（http://www.smartgrid.gov/project/baltimore gas and electric company smart grid initiative）

描述	时间框架	状态	绿色用地和棕色用地	能源	水	交通	垃圾	ICT	其他	潜在的	多种基础设施的交互
		进行中	B	P				M			无

区域/国家	美国
经济发展阶段*	1
城市/国家应用	马里兰州
项目拥有者	巴尔的摩燃气及电力公司

描述		状态	时间框架	绿色用地和棕色用地用	能源用水	交通	垃圾	相关基础设施 ICT	其他的	潜在的多种基础设施的交互
PECO能源公司智能电网项目 (http://www.smartgrid.gov/project/peco smart future greater philadelphia)										
区域/国家	美国	进行中		B	P			M		无
经济发展阶段*	1									
城市/国家应用	宾夕法尼亚州									
项目拥有者	PECO能源公司									
南部服务公司智能电网项目 (http://www.smartgrid.gov/project/southern company services inc smart grid project)										
区域/国家	美国	进行中		B	P			M		无
经济发展阶段*	1									
城市/国家应用	佐治亚州、亚拉巴马州、密西西比州、弗罗里达州									
项目拥有者	南部服务股份有限公司									
萨克拉门托设施区域智能电网项目 (http://www.smartgrid.gov/project/sacramento municipal utility distrICT smartsacramento)										
区域/国家	美国	进行中		B	P			M		无
经济发展阶段*	1									
城市/国家应用	加利福尼亚州									
项目拥有者	萨克拉门托市基础设施									

续表

内达华能源股份有限公司智能电网项目 (http://www.smartgrid.gov/project/nv energy inc nv energize)

		描述	状态	时间框架	绿色用地和综色用地的	能源	水	交通	垃圾	ICT	其他	潜在的多种基础设施的交互
									相关基础设施			
区域/国家	美国											
经济发展阶段*	1											
城市/国家应用	内达华州		进行中		B	P				M		无
项目拥有者	内达华能源股份有限公司											

纽约联合爱迪生公司智能电网项目

		描述	状态	时间框架	绿色用地和综色用地的	能源	水	交通	垃圾	ICT	其他	潜在的多种基础设施的交互
区域/国家	美国											
经济发展阶段*	1											
城市/国家应用	纽约州、新泽西州		进行中		B	P				M		无
项目拥有者	纽约联合爱迪生股份有限公司											

智能电网项目 (http://www.pge.com/about/newsroom/newsreleases/20110630/pgampe releases smart grid plan to modernize electric grid.shtml)

		描述	状态	时间框架	绿色用地和综色用地的	能源	水	交通	垃圾	ICT	其他	潜在的多种基础设施的交互
区域/国家	美国											
经济发展阶段*	1											
城市/国家应用	加利福尼亚州		进行中	2011-	B	P				M		无
项目拥有者	太平洋燃气和电力公司											

78

描述		状态	时间框架	绿色用地和棕色用地的	能源	水	交通	垃圾	相关基础设施		
									ICT	其他的	潜在的多种基础设施的交互
智能电网城市项目（http://smartgridcity.xcelenergy.com/）											
区域/国家	美国	进行中	2008-	B	P				M		无
经济发展阶段*	1										
城市/国家应用	科罗拉多州										
项目拥有者	艾克赛能源股份有限公司										
胡桃街智能电网示范项目（http://www.coned.com/pulicissues/smartgrid.asp）											
区域/国家	美国	进行中	2011-11-02- 2015-10-02	G	P	P			M		无
经济发展阶段*	1										
城市/国家应用	德克萨斯州										
项目拥有者	胡桃街项目有限公司，奥斯汀能源、国家可再生能源实验室、环境保护基金、奥斯汀德克萨斯州大学										
洛斯阿拉莫斯日美合作智能电网示范项目（http://www.losalamosnm.us/utilities/Pages/LosAlamosSmartGrid.aspx）											
区域/国家	美国	进行中	2009-2013	B	P				M		无
经济发展阶段*	1										
城市/国家应用	新墨西哥州										
项目拥有者	PECO能源公司										

阿尔伯克基日美合作智能电网示范项目（http://www.japancorp.net/press-release/25228/nine-japanese-companies-launch-japan-u.s.-collaborative-smart-grid-demonstration-project-in-business-distrICT-of-Albuquerque,-new-mexico）

区域/国家	经济发展阶段*	城市/国家应用	项目拥有者	状态	时间框架	绿色用地和棕色用地	能源	水	交通	垃圾	ICT	其他	潜在的	多种基础设施的交互
美国	1	新墨西哥州	新能源开发机构，9个日本公司（清水、东芝、夏普、明店舍、东京燃气、三菱重工业、富士电机株式会社、古河电工、古河电池）	进行中	2012-2014	G	P				M			无

智能电网示范项目（http://www.smartgrid.gov/project/consolidated edison company new york inc smart grid deployment project）

区域/国家	经济发展阶段*	城市/国家应用	项目拥有者	状态	时间框架	绿色用地和棕色用地	能源	水	交通	垃圾	ICT	其他	潜在的	多种基础设施的交互
美国	1	纽约州、新泽西州	纽约联合爱迪生股份有限公司、橘郡和罗格兰公共设施有限公司	进行中		B	P				M			无

安全互操作开放智能电网示范项目（http://www.smartgrid.gov/project/consolidated edison company new york inc secure interoperable open smart grid demonstration）

描述		状态	时间框架	绿色用地和棕色用地	能源	水	交通	垃圾	ICT	其他	潜在的	多种基础设施的交互
区域/国家	美国											
经济发展阶段*	1											
城市/国家应用	纽约州	进行中	2010-04-01- 2013-09-30	B	P				M			无
项目拥有者	纽约联合爱迪生股份有限公司、橘郡和罗格兰公共设施有限公司、波音公司、哥伦比亚大学及其他七个单位											

太平洋西北智能电网示范（http://www.smartgrid.gov/sites/default/files/battelle-memorial-institute-oe0000190-final.pdf）

描述		状态	时间框架	绿色用地和棕色用地	能源	水	交通	垃圾	ICT	其他	潜在的	多种基础设施的交互
区域/国家	美国											
经济发展阶段*	1											
城市/国家应用	蒙大拿州、华盛顿州、爱达荷州、俄勒冈州、怀俄明州	进行中	2010-01-02- 2015-01-31	B	P				M			无
项目拥有者	巴特尔纪念研究所、3TIE 股份有限公司、阿海珐输配电公司、国际商务机器公司、QualityLogic 股份有限公司											

续表

描　述	时间框架	状态	绿色用地和绿色用地	相关基础设施						
				能源	水	交通	垃圾	ICT	其他	潜在的多种基础设施的交互
EV项目（http://www.ecotality.com/solutions/services/ev-project/）										
区域/国家　美国										
经济发展阶段*　1										
城市/国家应用　华盛顿州、俄勒冈州、加利福尼亚州、亚利桑那州、德克萨斯州、佐治亚州、田纳西州、伊利诺伊州、宾夕法尼亚州、新泽西州、华盛顿特区	2009-10-01	进行中	B	P		P				无
项目拥有者　美国塞伯乐投资公司、俄勒冈州、尼桑、雪佛兰、能源部以及其它60多个参与者										
可持续迪比克（http://www.cityofdubuque.org/index.aspx? nid=606）										
区域/国家　美国										
经济发展阶段*　1										
城市/国家应用　IO	2006-	进行中	B	P	P	P	P	M		水和能源：从节约水资源和能源的角度。
项目拥有者　迪比克市、能源部、国际商务机器公司、联合能源										

82

20MW 飞轮调频电厂计划 (http://www.beaconpower.com/files/DOE-ESS-update.ppt-11.10.pdf)

描述		状态	时间框架	绿色用地和综色用地的	能源	水	相关基础设施 交通	垃圾	ICT	其他	潜在的	多种基础设施的交互
区域/国家	美国	进行中	2010-01-01-2015-09-30	B	P							无
经济发展阶段*	1											
城市/国家应用	宾夕法尼亚州											
项目拥有者	灯塔电力公司，电网营运公司，PPL 电力公司											

麦迪逊燃气及电子公司能智能电网项目 (http://www.aps.com/main/various/CommunityPower/default.html? source=commpower)

描述		状态	时间框架	绿色用地和综色用地的	能源	水	交通	垃圾	ICT	其他	潜在的	多种基础设施的交互
区域/国家	美国	进行中		B	P				M			无
经济发展阶段*	1											
城市/国家应用	威斯康星州											
项目拥有者	麦迪逊燃气和电力公司											

智能电网SM示范项目 (http://www.smartgrid.gov/project/southern california edison company tehachapi wind energy storage project)

描述		状态	时间框架	绿色用地和综色用地的	能源	水	交通	垃圾	ICT	其他	潜在的	多种基础设施的交互
区域/国家	美国	进行中	2010-01-01-2013-12-31	B	P				M			无
经济发展阶段*	1											
城市/国家应用	俄亥俄州											
项目拥有者	PECO 能源公司											

亚利桑那公共服务城市电力项目 (http://www.aps.com/main/various/CommunityPower/default.html)

描 述		状态	时间框架	绿色用地和绿色用地	能源综合用地	水	交通	垃圾	ICT	其他的	潜在的	多种基础设施的交互
区域/国家	美国	进行中	2010-04–2030-10	B	P							无
经济发展阶段*	1											
城市/国家应用	亚利桑那州											
项目拥有者	APS, 美国通用电气公司, 亚利桑那大学, 国家可再生能源实验室, ViaSol 能源解决方案有限责任公司											

南加州爱迪生公司智能电网区域示范项目 (http://www.smartgrid.gov/project/southern california edison company irvine smart grid demonstration)

描 述		状态	时间框架	绿色用地和绿色用地	能源综合用地	水	交通	垃圾	ICT	其他的	潜在的	多种基础设施的交互
区域/国家	美国	进行中	2010-09-02–2014-12-31	B	P				M			无
经济发展阶段*	1											
城市/国家应用	加利福尼亚州											
项目拥有者	PECO 能源公司											

智能电网区域示范 (http://www.smartgrid.gov/project/los angeles department water and power smart grid regional demonstration)

描 述		状态	时间框架	绿色用地和绿色用地	能源综合用地	水	交通	垃圾	ICT	其他的	潜在的	多种基础设施的交互
区域/国家	美国	进行中	2010-01-01–2015-06-30	B	P				M			无
经济发展阶段*	1											
城市/国家应用	加利福尼亚州											
项目拥有者	洛杉矶水与能源部门, 喷射推进实验室, 南加利福尼亚大学, 洛杉矶加利福尼亚大学											

圣地亚哥燃气和电力公司城市电网系统（http://www.smartgrid.gov/project/san diego gas electric company sdge grid communication system）

描 述		状态	时间框架	绿色用地和棕色用地用	水	能源	交通	垃圾	ICT	其他	多种基础设施的交互 潜在的
区域/国家	美国	进行中		B		P			M		无
经济发展阶段*	1										
城市/国家应用	加利福尼亚州										
项目拥有者	SDG&E公司										

风力整合技术方案（http://www.smartgrid.gov/project/ccet technology solutions wind integration）

描 述		状态	时间框架	绿色用地和棕色用地用	水	能源	交通	垃圾	ICT	其他	多种基础设施的交互 潜在的
区域/国家	美国	进行中	2010-01-04-2015-01-03	B		P			M		无
经济发展阶段*	1										
城市/国家应用	TX										
项目拥有者	电力技术商业化中心、中心站能源、美国电力、德克萨斯电力可靠性委员会以及其他的八个单位										

长岛智慧能源走廊（http://www.smartgrid.gov/sites/default/files/long-island-oe0000220-final.pdf）

描 述		状态	时间框架	绿色用地和棕色用地用	水	能源	交通	垃圾	ICT	其他	多种基础设施的交互 潜在的
区域/国家	美国	进行中	2010-02-05-2015-02-04	B		P			M		无
经济发展阶段*	1										
城市/国家应用	纽约										
项目拥有者	长岛电力当局、法明代尔州立学院、纽约州立石溪大学										

夏威夷电子公司智能电网项目（http://www.smartgrid.gov/sites/default/files/09-0384-heco-project-description-07-03-12.pdf）

描述		状态	时间框架	相关基础设施								多种基础设施的交互
				绿色用地和棕色用地/绿色用地	能源	水	交通	垃圾	ICT	其他的	潜在的	
区域/国家	美国	进行中		B	P				M			无
经济发展阶段*	1											
城市/国家应用	夏威夷州											
项目拥有者	夏威夷电力有限公司											

城市电网监测和更新整合（http://www.smartgrid.gov/project/nstar electric and gas corporation automated meter reading based dynamic pricing）

描述		状态	时间框架	相关基础设施								多种基础设施的交互
区域/国家	美国	进行中	2010-02-01-2013-03-31	B	P							无
经济发展阶段*	1											
城市/国家应用	马萨诸塞州											
项目拥有者	纳仕达电子和燃气公司、卷须网络公司、导航咨询有限责任公司											

葡萄园能源项目（http://www.smartgrid.gov/sites/default/files/09-0262-vineyard-powe-project-description-06-28-2012.pdf）

描述		状态	时间框架	相关基础设施								多种基础设施的交互
区域/国家	美国	进行中		B	P				M			无
经济发展阶段*	1											
城市/国家应用	马萨诸塞州											
项目拥有者	葡萄园电力合作股份有限公司											

86

底特律爱迪生公司智能电网项目 （http://www.smartgrid.gov/sites/default/files/09-0172-detroit-edison-co-pd-06-13-2012.pdf）

描述		状态	时间框架	绿色用地和棕色用地	能源	水	交通	垃圾	相关基础设施 ICT		多种基础设施的交互
									其他的	潜在的	
区域/国家	美国	进行中		B	P				M		无
经济发展阶段*	1										
城市/国家应用	密歇根州										
项目拥有者	底特律爱迪生公司										

绿色照明影响区智能电网示范 （http://www.smartgrid.gov/sites/default/files/kansas-city-pl-oe000221-final 0.pdf）

描述		状态	时间框架	绿色用地和棕色用地	能源	水	交通	垃圾	相关基础设施 ICT		多种基础设施的交互
									其他的	潜在的	
区域/国家	美国	进行中	2010-01-01-2014-12-31	B	P				M		无
经济发展阶段*	1										
城市/国家应用	密苏里州										
项目拥有者	堪萨斯州城市电力和照明，西门子能源股份有限公司，开放存取技术股份有限公司										

波托马克河电力公司智能电网项目 （http://www.smartgrid.gov/project/potomac electric power company maryland smart grid project）

描述		状态	时间框架	绿色用地和棕色用地	能源	水	交通	垃圾	相关基础设施 ICT		多种基础设施的交互
									其他的	潜在的	
区域/国家	美国	进行中		B	P				M		无
经济发展阶段*	1										
城市/国家应用	马里兰州										
项目拥有者	波托马克河电力公司										

描 述		状态	时间框架	绿色用地和综色用地	能源	水	交通	垃圾	ICT	其他	多种基础设施的交互（潜在的）
阿维斯塔公共智能电网项目（http://www.smartgrid.gov/sites/default/files/09-0215-avista-project-description-06-13-2012.pdf）											
区域/国家	美国										
经济发展阶段*	1	进行中			B	P			M		无
城市/国家应用	华盛顿州										
项目拥有者	阿维斯塔公共设施										
智慧格网城市（http://smartgridcity.xcelenergy.com/）											
区域/国家	美国										
经济发展阶段*		进行中									无
城市/国家应用											
项目拥有者											
拉美综合城市发展（http://www.urbal-integration.eu/）											
区域/国家	南美										
经济发展阶段*	2										
城市/国家应用	吉娃娃（墨西哥）、瓜达拉哈拉（墨西哥）、圣保罗（巴西）、基多（厄瓜多尔）、波哥大（哥伦比亚）、里约热内卢（巴西）	进行中	2008年11月 – 2012年11月		B	P			P		无
项目拥有者	斯图加特州首府环境保护部（由欧洲委员会赞助）、KATE生态发展中心、拉丁美洲六个州和市政府、国际地方环境理事会等										

里约运营中心（http://www-03.ibm.com/press/us/en/pressrelease/33303.wss）

	描述	状态	时间框架	绿色用地和综合用地	水	能源	交通	垃圾	ICT	其他潜在基础设施	多种基础设施的交互
区域/国家	巴西										
经济发展阶段*	2	进行中	2010年12月	B				M		P 运营措施	无
城市/国家应用	巴西里约热内卢										
项目拥有者	国际商务机器公司，市政府										

CONCERTO（http://ec.europa.eu/energy/res/fp6 projects/doc/concerto/brochure/concerto brochure.pdf）

	描述	状态	时间框架	绿色用地和综合用地	水	能源	交通	垃圾	ICT	其他潜在基础设施	多种基础设施的交互
区域/国家	欧洲										
经济发展阶段*	1	进行中（到2010年12月，22个项目在进行中）	2005-	B		P	M	M	M		完整的综合的能源政策，通过创新技术和系统促进行可再生能源的利用，促进和谐的可持续发展
城市/国家应用	23个欧盟国的58个委员会										
项目拥有者	欧洲委员会能源部										

89

欧洲可持续城市参考框架/可持续城市项目（http://rfsc-demo.tomos.fr/http://rfsc-demo.tomos.fr/userfiles/Final%20report%20Nicis%20testing%20RFSC.pdf）

描述		状态	时间框架	绿色用地和综合用地 绿色用地/绿色综合用地	相关基础设施						潜在的多种基础设施的交互
					能源	水	交通	垃圾	ICT	其他	
区域/国家	欧洲	发展中（于2012年开始）	2008-2011（23个欧盟成员国的66个城市进行原型类型测试）	B	M	M	M	M	M	P	无
经济发展阶段*	1										
城市/国家应用	欧盟成员国城市										
项目拥有者	欧洲委员会区域政策部										
欧洲智慧城市（http://www.smartcitiesineurope.com/）											
区域/国家	欧洲	进行中		NA	NA	NA	NA	NA	NA	NA	无
经济发展阶段*	1										
城市/国家应用	欧洲										
项目拥有者	HBV Communicatie by（荷兰）										
交通格网（G4V）（http://www.g4v.eu/）											
区域/国家	欧洲	完成	2010-01-01～2011-06-30	B	P		M			M	-电动车辆 -格网基础设施 -整合可再生能源资源 -平衡电力及其他服务
经济发展阶段*	1										
城市/国家应用	欧洲										
项目拥有者	G4V联合（欧洲6个能源机构及6个研究所）										

电子交通工具，绿色欧洲交通设施（http://tentea.ec.europa.eu/en/ten-t projects/ten-t projects by country/multi country/2010-eu-91117-p.htm）

描述		状态	时间框架	相关基础设施							
				绿色用地和棕色用地	能源	水	交通	垃圾	ICT	其他的潜在	多种基础设施的交互
区域/国家	欧洲	进行中	2010-2012	B	P		M		M		-内部关联 -交叉边界 -互操作
经济发展阶段*	1										
城市/国家应用	欧盟成员国										
项目拥有者	欧洲委员会交通部，受益方与实施主体协调：更美好的丹麦										

北部海滨城市沿岸格网创新项目（http://ec.europa.eu/energy/publications/doc/2011 energy infrastructure en.pdf；http://ec.europa.eu/energy/infrastructure/tent e/doc/off shore wind/2011 annual report annex2 en.pdf；http://www.euractiv.com/energy/eu-countries-launch-north-sea-el-news-500324；http://www.scotland.gov.uk/Topics/Business-Industry/energy/Infrastructure/north-sea-grid）

描述		状态	时间框架	绿色用地和棕色用地	能源	水	交通	垃圾	ICT	其他的潜在	多种基础设施的交互
区域/国家	欧洲	发展中 （由工作组分析和评价中）	2009年12月	G	P		M		M		无
经济发展阶段*	1										
城市/国家应用	10个北部海边城市、欧洲委员会										
项目拥有者	欧洲委员会、参与国政府、相关机构										

T城市（T-City）（http://www.t-city.de/en/timeline.html）

描述		状态	时间框架	绿色用地和棕色用地	能源	水	交通	垃圾	ICT	其他的潜在	多种基础设施的交互
区域/国家	德国	完成	2007-2012	B	M		M		P		无
经济发展阶段*	1										
城市/国家应用	康斯坦茨湖、腓特烈港（南德）										
项目拥有者	德国电信、腓特烈港市										

电力能源（http://www.e-energy.de/en/; http://www.e-energy.de/documents/Brochure E-energy 300608.pdf）

描述		状态	时间框架	相关基础设施							
				绿色用地和棕色用地	能源	水	交通	垃圾	ICT	其他潜在的	多种基础设施的交互
区域/国家	德国	进行中	2006：概念；2007：6个模型项目；2012：评价，选择其他项目	B	P		M		M	M	无
经济发展阶段*	1										
城市/国家应用	德国的六个城市（每个城市一个模型项目）										
项目拥有者	联邦经济与技术部、联邦环境、自然保护与核能安全部、国际参与者										

电力交通（http://www.bmvbs.de/SharedDocs/EN/Artikel/UI/electric-mobility.html; http://www.bmvbs.de/cae/servlet/contentblob/88386/publicationFile/61173/electric-mobility-third-report-national-platform.pdf）

描述		状态	时间框架	相关基础设施							
				绿色用地和棕色用地	能源	水	交通	垃圾	ICT	其他潜在的	多种基础设施的交互
区域/国家	德国	进行中（即将入市）	2009-2011：试点阶段；2011：联邦项目被采用	B	P		M		M	M	德国电力交通主要是指覆盖传统工业的系统性和可持续性的解决方案
经济发展阶段*	1										
城市/国家应用	8个试点区域：汉堡、不莱梅/奥尔登堡、鲁尔区（主要是亚琛和奥斯特）、莱茵-鲁尔区（主要是德累斯顿和莱比锡城）、斯图加特、慕尼黑、柏林-波茨坦										
项目拥有者	联邦交通、建筑和城市发展部。										

描述	状态	时间框架	绿色用地和棕色用地	相关基础设施							
				能源	水	交通	垃圾	ICT	其他	潜在的	多种基础设施的交互
电力交通柏林（http://www.smartgrid.gov/project/）											
区域/国家　德国	进行中	2009-	B	P		M					-电动车 -可再生能源 交通工具与充电站的交互
经济发展阶段*　1											
城市/国家应用　柏林											
项目拥有者　戴姆勒,莱茵											
汉堡-哈堡项目（http://www.ecocity.de/；http://www.tecarchitecture.com/en/32-eco-city-hamburg；http://inhabitat.com/eco-city-seeking-highest-rating-from-the-three-major-major-green-rating-systems；http://losangeleselectrician.com/eco-city-in-hamburg-green-model-for-a-sustainable-future/）											
区域/国家　德国	进行中	2009-	B	M　M			M	P,　M			本项目是一个典型关于如何在促进社会发展和城市重建的同时整合有效的技术和建筑方法的案例
经济发展阶段*　1											
城市/国家应用　哈尔堡港、汉堡。											
项目拥有者　汉堡-哈尔堡港、Tec 架构、奥雅纳公司（国际工程公司）											

阿姆斯特丹智慧城市（http://amsterdamsmartcity.com/）

	描述	状态	时间框架	绿色用地和棕色用地的应用	能源	水	交通	垃圾	ICT	其他	潜在的多种基础设施的交互
区域/国家	荷兰										-4个方面 30 个项目（可持续生活、可持续工作、可持续交通、可持续公共空间） -可再生能源和电力交通
经济发展阶段*	1	进行中	2009-	B	M	M	M	M	M	P	
城市/国家应用	阿姆斯特丹										
项目拥有者	阿姆斯特丹创新电机、Liander 地区电网、阿姆斯特丹市、荷兰电信										

智慧米级实施项目（http://www.decc.gov.uk/en/content/cms/tackling/smart meters/smart meters. aspx）

	描述	状态	时间框架	绿色用地和棕色用地的应用	能源	水	交通	垃圾	ICT	其他	潜在的多种基础设施的交互
区域/国家	英国	进行中 （项目开发阶段）	2011: 政策设计; 2014-2019: 大众化推出	B	P				M		无
经济发展阶段*	1										
城市/国家应用	英国										
项目拥有者	能源和气候变化部、燃气和电力市场办公室										

描述	状态	时间框架	相关基础设施								潜在的多种基础设施的交互
			绿色用地和棕色用地	能源	水	交通	垃圾	ICT	其他的		
奥克尼智能电网（http://www.ssepd.co.uk/OrkneySmartGrid/）											
区域/国家　英国	进行中	2004：开始研究；2009：完全实施	B	P				M			-智能电网和可再生能源战略
经济发展阶段*　1											
城市/国家应用　奥克尼群岛											
项目拥有者　苏格兰和南部能源电力											
智慧城市（http://shop.bsigroup.com/en/Browse-By-Subject/Smart-Cities/?t=r）											
区域/国家　英国	开发中	2012：战略地图测试									-数字基础设施
经济发展阶段*　1											
城市/国家应用　英国											
项目拥有者　英国标准学会、英国商业创新与技术部											
可持续评估（http://www.pas.gov.uk/pas/core/page.do?pageId=152450）											
区域/国家　英国	由2012国际规划政策框架推动	2006年引入	B	M	M	M	M	P、M			可持续性评价是一个系统的、迭代的评价过程，包括战略环境评价的指令要求
经济发展阶段*　1											
城市/国家应用　英国											
项目拥有者　规划咨询服务、地区政府协会											

描述	状态	时间框架	绿色用地和综色用地	能源	水	交通	垃圾	ICT	其他的	潜在的多种基础设施的交互

Telegestore (http://www.enel.com/en-GB/innovation/smart grids/smart metering/telegestore/)

描述		状态	时间框架	绿色用地和综色用地	能源	水	交通	垃圾	ICT	其他的	潜在的多种基础设施的交互
区域/国家	意大利	完成	2001-2006	B	P				M		无
经济发展阶段*	1										
城市/国家应用	意大利										
项目拥有者	意大利国家电力公司										

地热能源设施 (http://www.nea.is/geothermal; http://www.rammaaaetlun.is/media/virkjanakostir/2-afangi/Enska-timarit-fra-SIJ-25feb.pdf)

描述		状态	时间框架	绿色用地和综色用地	能源	水	交通	垃圾	ICT	其他的	潜在的多种基础设施的交互
区域/国家	冰岛	进行中	2007：总体规划发布。	B	P						无
经济发展阶段*	1										
城市/国家应用	冰岛										
项目拥有者	国家能源当局，工业和商业部										

瑞典皇家海港 (http://www.stockholmroyalseaport.com)

描述		状态	时间框架	绿色用地和综色用地	能源	水	交通	垃圾	ICT	其他的	潜在的多种基础设施的交互
区域/国家	瑞典	进行中（建设阶段）	2008-2010：建设启动；2012：第一阶段；2030：项目完成	B	M	M	M	M	M	P, M	无
经济发展阶段*	1										
城市/国家应用	斯德哥尔摩市（北尤尔格丹岛区域）										
项目拥有者	斯德哥尔摩市、瑞士能源局、ABB、福藤公司、伊莱克斯、爱立信、互动研究院										

描述	状态	时间框架	绿色用地和棕色用地的应用		相关基础设施					
			能源	水	交通	垃圾	ICT	其他	潜在的	多种基础设施的交互
灵科项目和试点 (http://www.erdfdistribution.fr/medias/dossiers presse/DP ERDF 210610 1 EN. pdf; http://www.erdfdistribution.fr/medias/Linky/ERDF-CPT-Linky-SPEC-FONC-CPL_pdf)										
区域/国家：法国 经济发展阶段*：1 城市/国家应用：在图尔斯和里昂进行试点项目，在整个法国进行全面实施 项目拥有者：Electicité Réseau Distribution France	进行中	2007-2013：试点阶段；2008-2020：试点实施	B	P			M			无
里昂智慧城市示范项目 (http://www.lyon-confluence.fr/en/index.html; http://www.nedo.go.jp/english/whatsnew 20111226 index.html)										
区域/国家：法国 经济发展阶段*：1 城市/国家应用：里昂 项目拥有者：新能源开发机构（东芝），里昂	进行中	2011-2015	B	P	M		M	M		-建筑节能 -电动车 -智能电网
智能电网设施 (http://www.enemalta.com.mt/index.aspx? cat=28-art=58-art1=11)										
区域/国家：马尔他 经济发展阶段*：1 城市/国家应用：马尔他 项目拥有者：Enemalta公司、水服务公司、国际商务机器公司	进行中	2008：试点阶段（5年）；2010：全部完成	B	P P	M		M			提升水和电力资源的效能，有效节省有限的资源

97

描 述		状态	时间框架	绿色用地和标色用地	能源	水	交通	垃圾	ICT	其他	多种基础设施的交互
可持续能源及开放网络电子交通工具智能电网项目（http://www.edison-net.dk;http://www-03.ibm.com/press/us/en/pressrelease/26783.wss）											
区域/国家	丹麦	进行中（试点阶段）	2011：试点项目启动	B	P		M			M	-电动车 -风能生产 -智能电网
经济发展阶段*	1										
城市/国家应用	比利时（在波尔霍尔姆岛区域进行测试）										
项目拥有者	DONG能源，Oestkraft，丹麦技术大学，国际商务机器公司，西门子，恩里科，丹麦能源联合会										
洛兰岛智能电网（http://www.seas-nve.dk/upload/pdf/windenergy.pdf http://www.islenet.net/docs/BASS Lolland CTF.pdf）											
区域/国家	丹麦	进行中（试点阶段）	1990：海上电风启动；2008：试点测试；2009：安装入户	B	M	M	M		M	P	-风能生产 -潮汐能生产 -燃料电池 -热量提供
经济发展阶段*	1										
城市/国家应用	洛兰岛										
项目拥有者	SEAS-NVE公众私人合作组织										
零排放交通（http://japan.betterplace.com/global/progress/Denmark）											
区域/国家	丹麦	进行中	1）2008 2）2009-	B	P		M			M	-电动车 -智能电网
经济发展阶段*	1										
城市/国家应用	多个项目由私人机构进行建设：1）更美好的丹麦，Dong能源，日产；2）智慧斯特丹麦，A/SSEAS-NVE										
项目拥有者											

信息技术谷谷规划（http://planitvalley.org/）

描述		状态	时间框架	相关基础设施							多种基础设施的交互
				绿色用地和综合用地	能源	水	交通	垃圾	ICT	其他 潜在的	
区域/国家	葡萄牙	进行中	2009-	G	M	M	M	M	M	P，M	是实现研究、开发、示范以及城市经济和社会基础设施整合的重要举措
经济发展阶段*	1										
城市/国家应用	德斯市										
项目拥有者	宜居计划、思科、微软、飞利浦、麦克拉伦等										

马拉加智慧城市/西班牙智慧城市实践（http://www.smartcitymalaga.es/）

描述		状态	时间框架	绿色用地和综合用地	能源	水	交通	垃圾	ICT	其他 潜在的	多种基础设施的交互
区域/国家	西班牙	进行中	2009-2013	B	P		M		M		-电动车 -可再生能源 -智能电网
经济发展阶段*	1										
城市/国家应用	马佳拉市										
项目拥有者	安达卢西亚自治区政府、恩德萨公司、国际商务机器公司										

99

沙漠技术（http://www.desertec.org/）

描述		状态	时间框架	绿色用地和棕色用地	能源	水	交通	ICT	应级	其他	潜在的多种基础设施的交互
区域/国家	欧洲/中东/非洲										
经济发展阶段*	2	进行中	2003-2007:概念提出；2011:启动两个项目；2050:完成	G	P	M		M		M	可再生能源（太阳能、风能、水能、地热能、生物能）和跨国家超级电网
城市/国家应用	中东、北非、欧洲										
项目拥有者	塞尔泰克工程（2009年设立）										

马斯达市（http://www.masdarcity.ae/en/）

描述		状态	时间框架	绿色用地和棕色用地	能源	水	交通	ICT	应级	其他	潜在的多种基础设施的交互
区域/国家	中东和北非										
经济发展阶段*	2	进行中	2006:项目开始；2015:第一阶段完成；2025:全部完成（预计涵盖4万居民和5万访问者）	G	P	M	M	M	M	P	-智能建筑 -智能电网 -清洁交通 -ICT -能源效率 -可再生能源资源
城市/国家应用	阿拉伯联合酋长国										
项目拥有者	巴达拉发展公司										

描述	状态	时间框架	绿色用地和棕色用地	能源	水	交通	垃圾	ICT	其他	潜在的多种基础设施的交互

TITLE?? (http://www.meti.go.jp/press/2012/11/20121105001/20121105001-2.pdf)

			绿色用地和棕色用地	能源	水	交通	垃圾	ICT	其他	潜在的多种基础设施的交互
区域/国家：俄罗斯			U			P	M			无
经济发展阶段*：1										
城市/国家应用：莫斯科										
项目拥有者：野村综合研究所										

智慧城市贸易研究项目（http://www.toshiba.co.jp/about/ir/en/pr/pdf/tpr20111216e.pdfhttp://www.toshiba.co.jp/about/press/201101/pr2401.htm）

	状态	时间框架	绿色用地和棕色用地	能源	水	交通	垃圾	ICT	其他	潜在的多种基础设施的交互
区域/国家：东欧和中东	进行中	2011-	B	P	M	M	M	M		-可再生能源（太阳能、风能、水能、生物能、地热能） -电网稳定性
经济发展阶段*：2										
城市/国家应用：保加利亚										
项目拥有者：东芝										

MODON工业区的智慧城市合作项目（http://www.fujitsu.com/global/news/pr/archives/month/2012/20121105001/20121105001-3.pdf; http://www.meti.go.jp/press/2012/11/20121105001/20121105001-3.pdf）

描述		状态	时间框架	绿色用地和棕色用地	能源水	交通	垃圾	ICT	其他	潜在的	多种基础设施的交互
区域/国家	中东和北非										
经济发展阶段*	2	可行性研究阶段	2011-	B	M	M		M	M		无
城市/国家应用	达曼第二工业城市										
项目拥有者	富士通、富士山电力、酿水、富士通研究所、沙乌地工业产权局										

马拉维利隆圭城市发展总体规划（http://siteresources.worldbank.org/INTURBANDEVELOPMENT/Resources/336387-1270074782769/6925944-1288991290394/Day1 P7 2 JICA.pdf）

描述		状态	时间框架	绿色用地和棕色用地	能源水	交通	垃圾	ICT	其他	潜在的	多种基础设施的交互
区域/国家	马拉维										
经济发展阶段*	2			U							无
城市/国家应用	利隆圭										
项目拥有者											

会津若松市智慧城市发展项目

描述		状态	时间框架	绿色用地和棕色用地	能源水	交通	垃圾	ICT	其他	潜在的	多种基础设施的交互
区域/国家	日本										
经济发展阶段*	1		10年	B	P						无
城市/国家应用	会津若松市										
项目拥有者	富士通有限公司										

污水高技术项目的动力方法突破

描述		状态	时间框架	相关基础设施								
				绿色用地和棕色用地	能源	水	交通	垃圾	ICT	其他	潜在的	多种基础设施的交互
区域/国家	日本		2011：建设和试运营 2012：运营、数据收集、报告	B	P	M						-能源及污水处理
经济发展阶段*	1											
城市/国家应用	中滨污水处理厂，大阪											
项目拥有者	土地、基础设施、交通和旅游部											

污水高技术项目的动力方法突破：神户绿色项目

描述		状态	时间框架	相关基础设施								
				绿色用地和棕色用地	能源	水	交通	垃圾	ICT	其他	潜在的	多种基础设施的交互
区域/国家	日本		2011（2012年继续）	B	P	M						-能源及污水处理
经济发展阶段*	1											
城市/国家应用	神户东滩污水治理厂，神户市											
项目拥有者	国家土地和基础设施管理研究所（土地、基础设施、交通和旅游部）											

八户市微电网示范项目2011（在2012年继续）利基础设施管理（土地、基础设施、交通和旅游部）(http://www.globalsmartgridfederation.org/; http://der.lbl.gov/sites/der.lbl.gov/files/kojima.pdf)

描述		状态	时间框架	相关基础设施								
				绿色用地和棕色用地	能源	水	交通	垃圾	ICT	其他	潜在的	多种基础设施的交互
区域/国家	日本	完成	2003-2007	B	P				M			无
经济发展阶段*	1											
城市/国家应用	八户市											
项目拥有者	新能源开发机构、八户市、三菱电力公司、三菱研究所股份有限公司											

描 述		状态	时间框架	相关基础设施							
				绿色用地和综合用地/色用地	能源	水	交通	垃圾	ICT	其他	潜在的多种基础设施的交互
中国住房城乡建设部智慧城市项目 (http://www.dcitycn.org/list.php? lm=8)											
区域/国家	中国										
经济发展阶段*	2		2012-2015	U	P	P	P	P	M		-宜居/政策/工业
城市/国家应用	国家层面										
项目拥有者											
智慧乐从综合运营平台 (http://www.lecong.org.cn)											
区域/国家	中国										
经济发展阶段*	2		2012-2014	B	P	P	P	P	M		-资源/政策/工业
城市/国家应用	广东乐从										
项目拥有者											
智慧镇海											
区域/国家	中国										
经济发展阶段*	1		2012-2015	B	P	P	P	P	M		-工业
城市/国家应用	浙江镇海										
项目拥有者											

智慧辽源 (http://lyii.0437.gov.cn)

描述		状态	时间框架	相关基础设施							多种基础设施的交互
				绿色用地和标色用地	能源	水	交通	垃圾 ICT	其他	潜在的	
区域/国家	中国										-工业/城市管理/环境/宜居
经济发展阶段*	2		2011-2015	B	P	P	P	P		M	
城市/国家应用	吉林辽源										
项目拥有者											

智慧广州 (http://www.czjsj.gov.cn)

描述		状态	时间框架	相关基础设施							多种基础设施的交互
				绿色用地和标色用地	能源	水	交通	垃圾 ICT	其他	潜在的	
区域/国家	中国										-教育/健康/交通/社区/旅游/服务/宜居/管理/企业/工业
经济发展阶段*	2		2012-2016	B	P	P	P	P		M	
城市/国家应用	广东广州										
项目拥有者											

智慧漯河 (http://www.lhxzfw.gov.cn)

描述		状态	时间框架	相关基础设施							多种基础设施的交互
				绿色用地和标色用地	能源	水	交通	垃圾 ICT	其他	潜在的	
区域/国家	中国										-宜居/工业
经济发展阶段*	2		2012-2015	B	P	P	P	P		M	
城市/国家应用	河南漯河										
项目拥有者											

描 述	状态	时间框架	绿色用地和棕色用地	能源	水	交通	垃圾	ICT	其他	潜在的多种基础设施的交互
智慧济源 (http://www.jiyuan.gov.cn)										
区域/国家	中国									
经济发展阶段*	2		2013-2015	B	P	P	M			-宜居/政策/工业
城市/国家应用	河南济源									
项目拥有者										
智慧重庆 (http://www.digitalcq.com)										
区域/国家	中国									
经济发展阶段*	2		2012-2017	B		P	M			-政府事务/应急/工业/教育/医疗/环境
城市/国家应用										
项目拥有者										
智慧沈阳, 沈阳 ((http://www.hunnan.gov.cn/zwgk/Index 01.asp)										
区域/国家	中国									
经济发展阶段*	2		2012-2015	G	P	P	M			-资源/政策/宜居
城市/国家应用	辽宁沈阳浑南新区									
项目拥有者										

描述		状态	时间框架	绿色用地和棕色用地	相关基础设施						潜在的多种基础设施的交互
					能源	水	交通	垃圾	ICT	其他	

智慧铜陵（http://zwgk.tl.gov.cn/xxgkweb/index.htm）

区域/国家	中国		2012-2015	B	P	P			M		-资源/工业/宜居/环境
经济发展阶段*	2										
城市/国家应用	安徽铜陵										
项目拥有者											

辽源智能卡（http://www.lysmk.cn）

区域/国家	中国		2012-2015	U			P		M		-公共交通/支付/医疗服务
经济发展阶段*	2										
城市/国家应用	吉林辽源										
项目拥有者											

智慧温江（http://chengdu.zaobao.com/pages1/chengdu110908g.shtml；http://www.wenjiang.gov.cn/zizhan/detail.jsp?id=151759；http://news.163.com/11/0908/02/7DD840TD00014AED.html）

区域/国家	中国		2012-2017	B			P		P	M	-环境保护/食品溯源/教育/工业/电子化办公/城市管理
经济发展阶段*	2										
城市/国家应用	温江										
项目拥有者											

智慧万宁（http://www.zgsxzs.com/plus/view.php? aid=311314）

描述		状态	时间框架	绿色用地和棕色用地	能源	水	交通	应垃	ICT	其他	潜在的多种基础设施的交互
区域/国家	中国		2012-2017	B	P	P	P	P	M		-食品溯源/健康/教育/电子化办公/城市管理/国际港口/槟榔工业/旅游
经济发展阶段*	2										
城市/国家应用	海南万宁										
项目拥有者											

智慧德州（http://www.sd.xinhuanet.com/cj/2012-09/18/c_113120421.htm）

描述		状态	时间框架	绿色用地和棕色用地	能源	水	交通	应垃	ICT	其他	潜在的多种基础设施的交互
区域/国家	中国		2012-2017	B	P	P	P	P	M		-食品溯源/旅游/健康/教育/工业/电子化办公/城市管理
经济发展阶段*	2										
城市/国家应用	山东德州										
项目拥有者											

中新天津生态城市项目（http://www.eco-city.gov.cn/）

描述		状态	时间框架	绿色用地和棕色用地	能源	水	交通	应垃	ICT	其他	潜在的多种基础设施的交互
区域/国家	中国		2007-	G	P	P	P				-资源/宜居
经济发展阶段*	2										
城市/国家应用	天津										
项目拥有者											

描　述		状态	时间框架	绿色用地和棕色用地	能源	水	交通	垃圾	ICT	潜在的其他	多种基础设施的交互
								相关基础设施			

唐山曹妃甸生态城市项目（http://tscfdct.com）

区域/国家	中国										
经济发展阶段*	2		2007-	G	P		P	M			-资源/宜居
城市/国家应用	曹妃甸										
项目拥有者											

崇明东滩生态城（http://baike.baidu.com/view/7912885.htm）

区域/国家	中国										
经济发展阶段*	2		2012-	G	P		P	M			-资源/宜居
城市/国家应用	上海浦东										
项目拥有者											

深圳光明生态城（http://www.greenrooftops.cn/news/20090713/c8ba6bcc0876ba8314dfcb7c0f627ab2.html）

区域/国家	中国										
经济发展阶段*	2		2009-	G	P	P	P	M			-资源/宜居
城市/国家应用	深圳										
项目拥有者											

109

描　述	状态	时间框架	绿色用地和棕色用地利用	能源	水	交通	垃圾	ICT其他	多种基础设施的潜在的交互
长辛店生态城（http://baike.baidu.com/view/8623330.htm）									
区域/国家　中国		2011-	G	P					-资源/宜居
经济发展阶段*　2									
城市/国家应用　北京长辛店									
项目拥有者									
德州阳光城（http://www.dezhou.gov.cn/ztzl/cspp/zgtyc/）									
区域/国家　中国		2005-	G	P	P		P		无
经济发展阶段*　2									
城市/国家应用　山东德州									
项目拥有者									
万庄生态城（http://baike-baidu.com/view/2445384.htm）									
区域/国家　中国		2006-	G	P					无
经济发展阶段*　2									
城市/国家应用　廊坊万庄									
项目拥有者									

中新广州知识城 (http://www.sskc.gov.cn/)

描述	时间框架	状态	绿色用地和综合用地	能源	水	交通	垃圾	ICT	其他	潜在的	多种基础设施的交互
区域/国家 中国	2011-		G						P		-知识
经济发展阶段* 2											
城市/国家应用 广州											
项目拥有者											

长沙、株洲、湘潭，两型社会 (http://www.hunan.gov.cn/cztlxsh)

描述	时间框架	状态	绿色用地和综合用地	能源	水	交通	垃圾	ICT	其他	潜在的	多种基础设施的交互
区域/国家 中国	2007-		G	P							-资源/环境/宜居
经济发展阶段* 2											
城市/国家应用 长沙、株洲、湘潭											
项目拥有者											

泛在城市项目/新松岛绿色城市 (http://english.busan.go.kr/02goverment/04 08 01.jsp)

描述	时间框架	状态	绿色用地和综合用地	能源	水	交通	垃圾	ICT	其他	潜在的	多种基础设施的交互
区域/国家 韩国	2020年完成	2009年开始第一阶段，2020年完成	G	P	M	M			M		-地面、轮船、自行车交通及工具出租及共享搭车 -降低能源使用
经济发展阶段* 2											
城市/国家应用 松岛仁川											
项目拥有者 韩国政府、韩国浦项建设公司、美国盖尔国际											

济州岛的智能电网测试项目 (http://www.smartgrid.or.kr/10eng3-1.php)

	描述	状态	时间框架	绿色用地和棕色用地	能源	水	交通	垃圾	ICT	其他	潜在的	多种基础设施的交互
区域/国家	韩国											
经济发展阶段*	2			B	P		M		M			无
城市/国家应用	济州岛											
项目拥有者	韩国政府											

智能能源系统 (http://www.ema.gov.sg/ies/)

	描述	状态	时间框架	绿色用地和棕色用地	能源	水	交通	垃圾	ICT	其他	潜在的	多种基础设施的交互
区域/国家	新加坡											
经济发展阶段*	2		2009 年 11 月 – 2013 年 6 月	B	P		M		M			无.
城市/国家应用	南洋理工大学及其工业园、新加坡											
项目拥有者	能源发展局、南洋理工大学											

乌敏岛项目 (http://www.ema.gov.sg/ubin-test-bed/)

	描述	状态	时间框架	绿色用地和棕色用地	能源	水	交通	垃圾	ICT	其他	潜在的	多种基础设施的交互
区域/国家	新加坡											
经济发展阶段*	2		2011-2013	B	P		M		M			1
城市/国家应用	乌敏岛											
项目拥有者	能源发展局											

描述	状态	时间框架	绿色用地利棕色用地	能源	水	交通	垃圾	ICT其他	潜在的其他	多种基础设施的交互
清洁技术园（http://www.jtc.gov.sg/Industries/Clean-Technology/Pages/Clean-Tech-Park.aspx）										
区域/国家：新加坡		第一阶段：2010-2018；第二阶段：2019-2025；第三阶段：2026-2030	B	M	M			M		1
经济发展阶段*：2										
城市/国家应用：南阳大道										
项目拥有者：新加坡经济发展委员会										
Punggol生态城（http://www.hdb.gov.sg/fi10/fi10333p.nsf/w/EcoTownHome? OpenDocument；http://www.panasonic.co.jp/corp/news/official.data/data.dir/jn110801-1.html；http://siew.sg/siew-news/punggol-eco-town-asias-first-total-energy-solutions-test-bed）										
区域/国家：新加坡		2009年4月，发布蓝皮书	B	M	M	M		M	M	1
经济发展阶段*：2										
城市/国家应用：Punggol生态城										
项目拥有者：住房发展局，能源发展局，经济发展委员会										
电子交通测试项目（http://www.ema.gov.sg/ev/）										
区域/国家：新加坡	测试中	2011年6月25日开始，测试阶段将持续到2013年末	U	M		M				无
经济发展阶段*：2										
城市/国家应用：										
项目拥有者：能源发展局，土地交通局										

113

描述	状态	时间框架	相关基础设施								
			绿色用地和综合用地	能源	水	交通	垃圾	ICT	其他	潜在的	多种基础设施的交互
印度尼西亚经济发展走廊（http://www.jftc.or.jp/shoshaeye/pdf/201103/201103 14. pdf）											
区域/国家 印度尼西亚											
经济发展阶段* 2											
城市/国家应用 6个经济走廊			B	M	M	M		M			无
项目拥有者											
印度尼西亚爪哇岛工业园智慧城市建设（http://www.nedo.go.jp/content/100494629. pdf）											
区域/国家 印度尼西亚											
经济发展阶段* 2	可行性研究规划阶段	2013-2016									
城市/国家应用 爪哇岛			B	P				M			1
项目拥有者 国家电力公司											
大都市优先发展区域（http://www.kantei.go.jp/jp/singi/package/dai8/siryou1. pdf）											
区域/国家 印度尼西亚											
经济发展阶段* 2		2012年12月，日本与印度尼西亚签订了蓝皮书，总体规划与2012年中旬制定完成	U	M	M	M		M			无
城市/国家应用											
项目拥有者											

Mamminasata 大都市区域的城市发展管理提升（http://www.jica.go.jp/oda/project/0700850/index.html；http://gwweb.jica.go.jp/km/ProjectView.nsf/VIEWALL/c9e041c8e715d13549257631007ee42? OpenDocument&ExapandSection=6）

描述		状态	时间框架	相关基础设施								
				绿色用地和棕色用地	能源	水	交通	垃圾	ICT	其他	潜在的	多种基础设施的交互
区域/国家	印度尼西亚			B								无.
经济发展阶段*	2											
城市/国家应用	MAMMINASATA 大都市区											
项目拥有者	公共事业部、空间规划部、南苏拉威西省空间规划部、土地、基础设施和交通部											

东爪哇省 GKS 区域的空间规划和城市发展提升（http://siteresources.worldbank.org/INTURBANDEVELOPMENT/Resources/336387-1270074782769/6925944-1288991290394/Day1 P7 2 JICA.pdf）

描述		状态	时间框架	相关基础设施								
				绿色用地和棕色用地	能源	水	交通	垃圾	ICT	其他	潜在的	多种基础设施的交互
区域/国家	印度尼西亚			U								
经济发展阶段*	2											
城市/国家应用	Gerbankertosusila											
项目拥有者												

苏腊巴亚城市发展项目（http://www.jica.go.jp/oda/project/IP-400/）

描述		状态	时间框架	相关基础设施								
				绿色用地和棕色用地	能源	水	交通	垃圾	ICT	其他	潜在的	多种基础设施的交互
区域/国家	印度尼西亚			B		M	M	M				无.
经济发展阶段*	2											
城市/国家应用	泗水											
项目拥有者												

红河生态城（http://www.knightfrank.com.vn/content/upload/files/PressRelease-HongHaEcoCity-20110727.pdf）

	描述
区域/国家	越南
经济发展阶段*	2
城市/国家应用	Tu Hiep、清池县地区、河内、河内 6.7 公里范围内的地区
项目拥有者	Tu Hiep 红河石油联合股份公司（开发者）

状态	时间框架	绿色用地和综色用地级	能源	水	交通	垃圾级	ICT	其他	潜在的	多种基础设施的交互
	2011 年第四季度开始，2015 年第一季度结束	B								无

金山（http://www.goldenhills.com/vn/projects/index/do:change language/lang:en）

	描述
区域/国家	越南
经济发展阶段*	2
城市/国家应用	岘港
项目拥有者	Trugnam 团队

状态	时间框架	绿色用地和综色用地级	能源	水	交通	垃圾级	ICT	其他	潜在的	多种基础设施的交互
		U		M						无

河内首都综合城市发展项目（http://siteresources.worldbank.org/INTURBANDEVELOPMENT/Resources/3363871270074782769/6925944128899129 0394/Day1 P7 2 JICA.pdf）

	描述
区域/国家	越南
经济发展阶段*	2
城市/国家应用	河内
项目拥有者	

状态	时间框架	绿色用地和综色用地级	能源	水	交通	垃圾级	ICT	其他	潜在的	多种基础设施的交互
	2004-2006	B		M		M				无

描述	状态	时间框架	绿色用地和棕色用地	相关基础设施					
				能源	水	交通	垃圾	ICT其他	潜在的多种基础设施的交互(sapi)
郎利乐高新技术园 (http://www.devex.com/en/projects/consultants-to-implement-the-hoa-lac-high-tech-park-development-project-sapi) 区域/国家: 越南 经济发展阶段*: 2 城市/国家应用: 河内 项目拥有者: 越南政府和FTP股份有限公司	开发中	总体规划修改稿已经确定	B		M	M		M	无
坤西育府省智慧城市 (http://www.futuregov.asia/articles/2012/feb/10/thailand-launches-its-first-smart-city/) 区域/国家: 泰国 经济发展阶段*: 2 城市/国家应用: 坤西育府省 项目拥有者: 泰国政府			U					M	无
达沃城市智能运营中心 (http://www-03.ibm.com/press/us/en/pressrelease/38152.wss) 区域/国家: 菲律宾 经济发展阶段*: 2 城市/国家应用: 达沃市 项目拥有者: 达沃市			U					M	无

117

续表

描述	状态	时间框架	绿色用地和综合用地	能源	水	交通	垃圾	ICT	其他	潜在的	多种基础设施的交互
马来西亚伊斯干达项目（http://cleantech.nikkeibp.co.jp/report/smartcity2012/pdf/malasia.pdf；http://www.iges.or.jp/jp/news/event/isap2012/pdf/24/S1-2-2 Ho.pdf；http://www.iskandarproject.com/；http://www.iskandarmalaysia.com.my/pdf/ccopenday/cc-openday-overview-eng2.pdf）											
区域/国家　马来西亚											
经济发展阶段*　2	建设中		B	M		M		M			无
城市/国家应用　伊斯干达区域发展局											
项目拥有者											
多媒体超级走廊项目（http://www.malaysia.gov.my/EN/Relevant%20Topics/IndustryInMalaysia/Business/ICT/MSC/Pages/MSC.aspx）											
区域/国家　马来西亚											
经济发展阶段*　2		2012年引进，2050年完成	B	M		M		M	M		无
城市/国家应用　太子城和赛城											
项目拥有者　新能源开发机构，KeTTHA											
拉瓦工业园区（http://www.futuregov.asia/articles/2012/feb/10/thailand-launches-its-first-smart-city/）											
区域/国家　缅甸											
经济发展阶段*											
城市/国家应用											
项目拥有者											

118

智能电网，智慧城市项目（http://www.ret.gov.au/energy/energy programs/smartgrid/pages/default.aspx）

	描述	状态	时间框架	绿色用地和棕色用地的绿色用	能源	交通	水	相关基础设施				多种基础设施的交互
								垃圾	ICT	其他的潜在		
区域/国家	澳大利亚											
经济发展阶段*	1		2010年10月-2013年9月	B	M				M			无
城市/国家应用	纽卡斯尔的五个地区，悉尼和上亨特											
项目拥有者	澳大利亚中心政府											

太阳能旗舰项目（http://minister.ret.gov.au/MediaCentre/MediaReleases/Pages/SolarFlagshipsProgram.aspx）

区域/国家	澳大利亚											
经济发展阶段*	1			U								无
城市/国家应用												
项目拥有者												

阿富汗喀布尔大都市区发展项目（http://siteresources.worldbank.org/INTURBANDEVELOPMENT/Resources/3363871270074782769/6925944128899129039 4/Day1 P7 2 JICA.pdf）

区域/国家	阿富汗											
经济发展阶段*	2			B		M	M		M			无
城市/国家应用	喀布尔											
项目拥有者												

119

描 述	状态	时间框架	相关基础设施								
			绿色用地和棕色用地	能源	水	交通	垃圾	ICT	其他潜在的	多种基础设施的交互
乌兰巴托城市发展（http://siteresources.worldbank.org/INTURBANDEVELOPMENT/Resources/336387127007482769/6925944128899129 0394/Day1 P7 2 JICA.pdf）										
区域/国家　　　蒙古										
经济发展阶段*　　2		目标年：2030年	B	M	M					无
城市/国家应用　　乌兰巴托市										
项目拥有者										

* 发达国家：1；发展中国家：2；国际：3。

a "P"=理念目标（将城市基础设施作为主要的实现目标和目的）；"M"=实现途径（将城市基础设施作为实现其他基础设施的目的的手段，例如利用ICT提升城市能源）；"U"=未确定。

参 考 文 献

[1] ISO 24510: 2007, Activities relating to drinking water and wastewater services — Guidelines for the assessment and for the improvement of the service to users.

[2] ISO 24511: 2007, Activities relating to drinking water and wastewater services — Guidelines for the management of wastewater utilities and for the assessment of wastewater services.

[3] ISO 24512: 2007, Activities relating to drinking water and wastewater services — Guidelines for the management of drinking water utilities and for the assessment of drinking water services.

[4] ISO 50001: 2011, Energy management systems — Requirements with guidance for use.

[5] British Standards Institution (BSI): A Standards Strategy for Smart Cities-Consultation Document, 2012.

[6] OECD: The DAC Guidelines on Poverty Reduction, 2001 (http: //www. oecd. org/dataoecd/47/14/2672735. pdf).

[7] OECD: Promoting Pro-Poor Growth: INFRASTRUCTURE, 2006 (http: //www. oecd. org/dac/povertyreduction/36301078. pdf).

[8] OECD: Infrastructure 2030, 2006 (http: //www. oecd. org/dataoecd/49/ 8/37182873. pdf).

[9] OECD, Natural Resources and Pro-Poor Growth: The Economics and Politics, 2008 (http: //www. oecdbookshop. org/oecd/display. asp? CID= &LANG=en&SF1=DI&ST1=5L4CNJHKJGZR).

[10] United Nations General Assembly. Report of the World Commission on Environment and Development: Our Common Future. Transmitted to the General Assembly as an Annex to document A/42/427 - Development and International Co-operation. Environment. 1987.

[11] United Nations General Assembly: 2005 World Summit Outcome, Resolution A/60/1, adopted by the General Assembly on 15 September 2005.

[12] United Nations, The Millennium Development Goals Report 2011, 2011.

[13] Caragliu, A; Del Bo, C. &Nijkamp, P: Smart cities in Europe, 2009.

[14] The Climate Group, ARUP, Accenture and The University of Nottingham: Information Marketplaces: The New Economics of Cities, 2012 (http: // www. arup. com/~/media/Files/PDF/Publications/Research _ and _ whitepapers/Information _ marketplaces _ 05 _ 12 _ 11 _ v3. ashx).

[15] Economist Intelligence Unit (EIU): The Green City Index series-Highlights from a unique benchmarking tool, 2012.

[16] Freeman, K. : Infrastructure from the Bottom Up, 2011.

[17] Giffinger, Rudolf; Christian Fertner, Hans Kramar, Robert Kalasek, NatasŠaPichler-Milanovic, Evert Meijers: Smart cities-Ranking of European medium-sized cities, 2007 (http: //www. smart-cities. eu/download/smart _ cities _ final _ report. pdf).

[18] Richard Register: Ecocity Berkeley: Building Cities for a Healthy Future, 1987.

[19] The Royal Academy of Engineering. Smart infrastructure: the future, London, 2012 (http: //www. raeng. org. uk/news/publications/list/reports/smart _ infrastructure _ report _ january _ 2012. pdf) .

[20] Vincenzo Giordano, FlaviaGangale, GianlucaFulli (JRC-IE), Manuel Sánchez Jiménez (DG ENER) et al. : Smart Grid projects in Europe: lessons learned and current developments, 2011 (http: //ses. jrc. ec. europa. eu/sites/ses/files/documents/smart _ grid _ projects _ in _ europe _ lessons _ learned _ and _ current _ developments. pdf).

[21] Overview of CASBEE for Cities (http: //www. ibec. or. jp/CASBEE/english/document/Outline _ CASBEE _ City. pdf).

[22] ISO/DGuide 82 "Guide for addressing sustainability in standards".

关于 ISO/TC 268/SC1

国际标准化组织（International Organization for Standardization）简称 ISO，是一个全球性的非政府组织，是国际标准化领域中一个十分重要的组织。ISO 国际标准组织成立于 1946 年，中国是 ISO 的正式成员。

ISO 负责目前绝大部分领域的标准化工作，已颁布 19500 多项国际标准。现有 163 个成员，包括 163 个国家和地区，其日常办事机构是中央秘书处，设在瑞士日内瓦。ISO 的宗旨是"在世界上促进标准化及其相关活动的发展，以便于商品和服务的国际交换，在智力、科学、技术和经济领域开展合作。"ISO 通过它的 2856 个技术结构开展技术活动，其中技术委员会（简称 SC）共 611 个，工作组（WG）2022 个，特别工作组 38 个。中国于 1978 年加入 ISO，在 2008 年 10 月的第 31 届国际化标准组织大会上，中国正式成为 ISO 的常任理事国。

2012 年 2 月，ISO 相应各方需求建立了 ISO/TC268（Sustainable Development in Communities，城市可持续发展技术委员会），以及 ISO/TC 268/SC1（Smart community infrastructures，城市智能基础设施分技术委员会）。ISO/TC268 负责城市和社区的可持续发展领域的标准化工作，包括基本要求、指南、支持技术和工具等，用以帮助不同类型社会实现可持续发展。ISO/TC 268/SC1 负责城市基础设施的标准化工作，为城市基础设施智能化提供全球统一的标准。

国际标准化组织智慧城市基础设施分技术委员会（ISO/TC 268 SC1），秘书处设在日本。日本为主席国，中国为副主席国，中国城市科学研究会智慧城市联合实验室负责人为该委员会副主席。

在对城市基础设施现有标准指标研究工作回顾总结的基础上，SC1 形成了 ISO TR37150：2014（Smart community infrastructures—Review of existing activities relevant to metrics）技术报告，

报告对当前智慧城市基础设施的相关计量工作进行了回顾,并提出了未来标准的方向,对城市基础设施产品和服务的技术性能计量进行了讨论,该报告是第一个智慧城市基础设施领域的国际标准文件。报告中对住房和城乡建设部 2012 年发布的《国家智慧城市(区、镇)试点指标体系(试行)》进行了引用分析,对以中国为代表的发展中国家智慧城市建设项目进行了初步统计分析。报告已于 2013 年年底正式在全球出版发布,也是第一个智慧城市基础设施领域的国际标准文件。SC1 近期工作重点是进行智慧城市基础设施总体标准的研究,最终形成 ISO TS37151 技术规范,此项工作将全面展开智慧城市的相关国际标准建设。2013 年 7 月启动征集意见,它是 TR37150 任务的延续,将全面展开智慧城市的相关国际标准建设,预计 2015 年正式出版发行。

ISO/TC 268/SC1 专家名单

职位	国别	姓名	职位	国别	姓名
主席	JISC (Japan)	Ichikawa, Yoshiaki	P 成员	JISC (Japan)	Ueno, Ikuro
副主席	SAC (China)	万碧玉	P 成员	KATS (Korea, Republic of)	Kee, Pyowon
秘书	JISC (Japan)	Endou, Isao	P 成员	NEN (Netherlands)	Hortensius, Dick
P 成员	AENOR (Spain)	Malaga, Veronica	P 成员	NEN (Netherlands)	Verhoeff, Emiel
P 成员	AFNOR (France)	Bougeard, Christian	P 成员	NEN (Netherlands)	Van Yperen, Marijke
P 成员	AFNOR (France)	Felix, Jean	P 成员	SABS (South Africa)	Brian, O'Leary
P 成员	AFNOR (France)	Hégo, Patricia	P 成员	SABS (South Africa)	Michael, Sutcliffe
P 成员	AFNOR (France)	Lair, Jacques	P 成员	SABS (South Africa)	Ndlhovu, Yvonne
P 成员	AFNOR (France)	Leservoisier, Bernard	P 成员	SABS (South Africa)	Peters, Adrian
P 成员	AFNOR (France)	Roudot, Florence	P 成员	SABS (South Africa)	Thibedi, Neo

职位	国别	姓名	职位	国别	姓名
P 成员	ASI（Austria）	Gruen，Karl	P 成员	SABS（South Africa）	Trollip，Alexis
P 成员	ASI（Austria）	Nachbaur，Joerg	P 成员	SAC（China）	CHONG，LI
P 成员	BSI（United Kingdom）	Devaney，John	P 成员	SAC（China）	LIU，Xin
P 成员	BSI（United Kingdom）	Operations Support Centre，OSC	P 成员	SAC（China）	TAO，XING YU
P 成员	DIN（Germany）	Downe，Simon	P 成员	SAC（China）	WANG，GANG
P 成员	DIN（Germany）	Hager，Reiner	P 成员	SAC（China）	XING，Ran
P 成员	DIN（Germany）	Müller，André	P 成员	SAC（China）	LI，CHUN GUANG
P 成员	DIN（Germany）	Robrecht，Holger	P 成员	SAC（China）	ZHANG，YONGGANG
P 成员	DIN（Germany）	Schlachetzki，Constantin	P 成员	SCC（Canada）	Geraghty，Christine
P 成员	DIN（Germany）	Zenz，Thomas	P 成员	SCC（Canada）	Grant，Ginette
P 成员	DS（Denmark）	Christiansen，Kim	P 成员	SCC（Canada）	Hawkins，Alyson
P 成员	DS（Denmark）	Hörnqvist，Josefin	P 成员	SIS（Sweden）	Göthe，Fredrik
P 成员	DS（Denmark）	Jacobsen，Birger	P 成员	SN（Norway）	Aarefjord，Hilde
P 成员	DS（Denmark）	Nielsen，Sten	O 成员	ANSI（United States）	Team，ANSI ISO
P 成员	DS（Denmark）	Sandager，Mette Juul	O 成员	BIS（India）	Kumar，Rahul
P 成员	IRAM（Argentina）	Roncoroni，Veronica	O 成员	SFS（Finland）	Sahlberg，Sari
P 成员	IRAM（Argentina）	Rosenfeld，Adriana	O 成员	SPRING SG（Singapore）	Huang，Nicholas
P 成员	IRAM（Argentina）	Santella，Mabel	O 成员	UNMZ（Czech Republic）	Jindrakova，Marketa

职位	国别	姓名	职位	国别	姓名
P 成员	IRAM（Argentina）	Trama，Luis	O 成员	UNMZ（Czech Republic）	Jirak，Tomas
P 成员	JISC（Japan）	Ichikawa，Yoshiaki	联络人-ISO	ISO/TC 207	Veldman，Erik
P 成员	JISC（Japan）	Kawabata，Akiyoshi	联络人-外部	GCIF	Ng，Helen
P 成员	JISC（Japan）	Kihara，Takahiro	联络人-外部	WBCSD	Kohno，Michinaga
P 成员	JISC（Japan）	Kitagawa，Nobuhisa	联络人-外部	WBCSD	Lynch，Matthew
P 成员	JISC（Japan）	Morimoto，Satomi	联络人-外部	WBCSD	Suzuki，Kenji
P 成员	JISC（Japan）	Nomakuchi，Tamotsu	观察员	AENOR（Spain）	Marcos，Tania
P 成员	JISC（Japan）	Saruhashi，Atsuko	ISOCS-TPM	ISOCS	Harjung，Gerrit

注：P 成员即 Participate 成员，O 成员即 Observation 成员

关于联合实验室

　　为打造智慧城市科研基地和专业智库，服务我国智慧城市建设，中国城市科学研究会批准成立国家智慧城市联合实验室（筹）（简称"联合实验室"）。联合实验室将联同同行业或产业上下游相关科研机构及创新企业，围绕本领域关键共性技术问题，建立长久合作共建机制。目前联合实验室已与国内外相关企事业单位组建实验室 19 个，对接国家部委此方面的工作，开展智慧城市领域科研、标准评价、规划咨询、测试与评估及基础研究等工作。专业涵盖技术解决方案、空间信息、信息安全、多媒体信息传播、大数据与城市运营、水工程、建筑节能、基础设施、智慧旅游、智慧社区等。

可通过以下方式与联合实验室互动：
1）官方网站
www.scitylab.com

2）官方微博
http://weibo.com/Scitylab

3）官方微信

Smartcitylab（智慧城市联合实验室）